Timmy Schwarz

Auswirkungen des isländischen Vulkanausbruchs (Eyjafjallajökull) 2010 auf die Witterung in Norddeutschland im Zusammenhang mit den Einschränkungen des Luftverkehrs

GRIN Verlag

Bibliografische Information der Deutschen Nationalbibliothek:

Die Deutsche Bibliothek verzeichnet diese Publikation in der Deutschen Nationalbibliografie; detaillierte bibliografische Daten sind im Internet über http://dnb.d-nb.de/ abrufbar.

Impressum:

Druck und Bindung: Books on Demand GmbH, Norderstedt Germany
ISBN: 978-3-640-71004-1

Dieses Buch bei GRIN:

http://www.grin.com/de/e-book/158076/auswirkungen-des-islaendischen-vulkanausbruchs-eyjafjallajoekull-2010

Universität Bremen FB 08 SoSe 2010
Institut für Geographie

Studiengang physische Geographie

Auswirkungen des isländischen Vulkanausbruchs (Eyjafjallajökull) 2010 auf die Witterung in Norddeutschland im Zusammenhang mit den Einschränkungen des Luftverkehrs

Bachelor-Thesis

vorgelegt von:

Timmy Schwarz
Studiengang: Geographie (B.Sc.)

Abgabedatum: 26.08.2010

Inhalt

Abbildungen

[1] (verändert nach Boston.com, 2010; Merkur-Online, 2008; Wagner, 2010)

Vorwort

An dieser Stelle möchte ich mich bei meinem Betreuer und Gutachter, Herrn Prof. Dr. Jörg-Friedhelm Venzke, sowie bei Herrn Dr. Marco Langer für die Bereitschaft bedanken, meine Abschlussarbeit so kurzfristig angenommen zu haben. Mit ihrer bereitwilligen Zusage und dem Interesse am Thema bestärkten sie mich in meiner Entscheidung zur Bearbeitung der Fragestellung. Ohne ihre Unterstützung wäre es nicht möglich gewesen, die vorliegende Arbeit noch in diesem Sommersemester zu verwirklichen.

Ein weiterer Dank gilt Philipp Emanuel Weidmann, der mir im Vorfeld mit Ideen für die Datenbeschaffung und -auswertung zur Seite stand.

1 Einleitung

Im April und Mai 2010 sorgten Meldungen über den Ausbruch des Eyjafjallajökull auf Island in den Medien für Schlagzeilen. „Vulkan-Asche über Nordeuropa: Chaos auf den Flughäfen und Gefahr für das Klima“ (Makartsev, 2010), so der Titel eines Berichts im Weser Kurier vom 16.04.2010. „Asche [sei] gefährlich für Triebwerke“ (Wendler, 2010), war die allgemeine Meinung. Um sicher zu gehen, gab es vorsorglich die bekannten Flugverbote. Im Übrigen wurden weder sämtliche Lufträume gesperrt noch gab es generelle Flugverbote, wie oft beschrieben wurde. Es wurden lediglich keine Flüge im kommerziellen Bereich unter Instrumentenflugregeln erlaubt. Privatpiloten, aber auch die „großen“ Fluggesellschaften konnten weiterhin unter Sichtflugbedingungen den Luftraum über Deutschland nutzen. Gerade dies ist eigentlich fragwürdig und so stellte auch die Pilotenvereinigung Cockpit fest: „Für die Sicherheit [...] ist es indes unerheblich, ob ein Flugzeug nach Sicht- oder Instrumentenflugverfahren betrieben wird. Entweder der Luftraum ist sicher oder er ist es nicht“ (Vereinigung Cockpit e.V., 2010). Unabhängig von den wirtschaftlichen Auswirkungen wurde schnell auch der Bezug zu Klimafolgen durch Vulkanausbrüche hergestellt. Für das „Jahr ohne Sommer“ (1816), in dem es zu „vier Kältewellen im Juni, Juli und August [kam und in denen] Nachtfröste und sogar Schneefälle auftraten“ (Müller, 2000) wird beispielsweise angenommen, dass die Ursache der Ausbruch des Tambora in Indonesien war (Skeen, 1981).

Klimaextreme werden ohnehin bedeutender eingeschätzt als Langzeit-Klimaveränderungen, da sie unabhängig vom allgemeinen Trend eine sehr plötzliche und zeitlich begrenzte Wirkung haben - mit enormem Gefährdungspotential, denn man kann sich schlechter auf sie einstellen (Gerstengarbe & Werner, 2009).

Der Ausbruch des Eyjafjallajökull wurde daher als interessant aber weitgehend harmlos wahrgenommen, da man mit Ausnahme der wirtschaftlichen Konsequenzen keine große Klimakatastrophe befürchten musste. Auch das Wetter zeigte sich nicht besonders auffällig.

Was bisher jedoch wenig Beachtung gefunden hat sind die indirekten Auswirkungen: Folgen des stillgelegten Flugverkehrs über Europa. Etwas Vergleichbares hat es bislang nur nach den Anschlägen des 11. Septembers 2001 in den Vereinigten Staaten gegeben: Der Luftverkehr lag tagelang nahezu brach - mit interessanten Konsequenzen für das Wetter.

Erstmalig konnte der Effekt der Verkehrsfliegerei auf die Bodentemperaturen nachgewiesen werden. Es wurde festgestellt, dass die Temperaturdifferenz zwischen Tag und Nacht in diesem Zeitraum größer war als in den Tagen vor und nach dem Flugverbot. Wärmere Tage und kältere Nächte sind typische Folgen eines geringeren Bedeckungsgrades. Ohne die Vielzahl an Flugbewegungen gab es keine Kondensstreifen und weniger Cirrus-Bewölkung (BBC, 2005).

In der nachfolgenden Arbeit soll zunächst aufgezeigt werden, welche außergewöhnlichen Faktoren Klima und Witterung in Europa bzw. Norddeutschland beeinflussen können und wie der Ausbruch des Eyjafjallajökull sowie die mit ihm verbundenen Einschränkungen des Luftverkehrs kurzfristige Veränderungen klimatischer Größen nach sich zogen. Es soll untersucht werden, ob sich in den Wetteraufzeichnungen des Deutschen Wetterdienstes eine ähnlich einmalige Situation wie am Beispiel der USA finden lässt (Makartsev, 2010; Presseinfo BMVBS, 2010).

2 Besondere Einflussgrößen auf Klima und Witterung in Europa

Langfristig unterliegt das Klima auf der Erde, aber auch kleinräumig betrachtet in Norddeutschland, den Schwankungen bestimmter Parameter, welche den Wechsel von Kalt- und Warmzeiten verursachen, aber auch schon in kleineren Zeitspannen deutliche Auswirkungen haben können. Im Wesentlichen lassen sich beispielsweise für die im Holozän stattgefundene Abkühlung während der sog. „Kleinen Eiszeit“ drei Faktoren bestimmen (Fagon, 2008; Schwartz & Randall, 2003; WBGU, 2008):

- Globale Verdunkelung, u.a. als Folge von Vulkanausbrüchen, welche die Menge ankommender Strahlung auf die Erdoberfläche beeinflusst
- Schwankung der Sonnenaktivität, somit im zeitlichen Verlauf unterschiedlich starke Strahlungsenergie auf der Erdoberfläche
- Variationen in der thermohalinen Zirkulation, insbesondere des Golfstroms, welcher ein klimabestimmendes Element für Europa darstellt

2.1 Globale Verdunkelung

Im Hinblick auf ihre Auswirkungen steht die globale Verdunkelung (auch als „global dimming“ (BBC, 2005) bezeichnet) im Gegensatz zur allgegenwärtig diskutierten globalen Erwärmung. Neben den Auswirkungen der Treibhausgase soll nach Ansicht einiger

Wissenschaftler eine ähnlich große Auswirkung von ander[illegible] Klima ausgehen. Seit den 1950er Jahren konnte durch V[illegible] werden, dass sowohl die eintreffende Strahlung als auch die [illegible] weltweit abnimmt. Dies scheint im Gegensatz zur globalen [illegible] aber durch die globale Verdunkelung erklären. Gäbe es ne[illegible] hauseffekt nicht gleichzeitig die Auswirkungen des „globa[illegible] Anstieg der Temperatur auf der Erde noch viel größer ausfallen [illegible]
Bei der globalen Verdunkelung spielen Aerosole die entsch[illegible] Schwebeteilchen in der Luft (z.B. SO_2, H_2S und SO_4^{2-}), welche bei V[illegible] entstehen, beeinflussen die an der Erdoberfläche ankommende Sonn[illegible] Wesentlichen geschieht dies auf zwei Wegen: Einerseits wird ein Teil der an[illegible] Strahlung direkt an den Partikeln reflektiert und kommt somit nicht an der Erdoberflä[illegible] Andererseits stellen die Teilchen Kondensationskerne dar und begünstigen damit d[illegible] Wolkenbildung. Abhängig von der Höhe der Wolken kann durch deren abschirmende Wirkung eine Erwärmung der Stratosphäre und eine Abkühlung der Troposphäre hervorgerufen werden (BBC, 2005).
So wird beispielsweise angenommen, dass eine Verringerung der Aerosolkonzentration (ausgehend von Nordamerika) zu einem zusätzlichen Anstieg der Temperaturen in der Arktis führen würde (Fischer-Bruns et al., 2010).
In einer Studie („Solar dimming and brightening over Thessaloniki, Greece, and Beijing, China“ (Zerefos et al., 2009)) konnte beim Vergleich zweier Standorte festgestellt werden, dass zwischen dem Verschmutzungsgrad der Atmosphäre durch Aerosole und der einkommenden Sonnenstrahlung eine Abhängigkeit besteht. In Griechenland zeigten die Bemühungen (ganz Europas) im Bereich des Umweltschutzes ihre Wirkung und führten zur Verbesserung der Luftqualität - somit stieg auch die gemessene Strahlungsmenge an. Peking dagegen wird erst in Zukunft bei entsprechend wirksamen Umweltschutzverordnungen eine ‚Aufhellung' feststellen können (Zerefos et al., 2009).

Über die Wirkungen von Kondensstreifen auf die Temperatur konnte eine bislang einmalige Untersuchung nach den Anschlägen des 11. Septembers 2001 angestellt werden. Der Effekt des Luftverkehrs auf die Bodentemperaturen konnte nachgewiesen werden, da drei Tage lang beinahe der ganze Luftverkehr über den Vereinigten Staaten ausgesetzt worden war. Dabei wurde festgestellt, dass in diesem Zeitraum die Temperaturdifferenz zwischen den Höchstwerten bei Tage und den Tiefstwerten in der Nacht größer waren als in den Tagen ach dem Flugverbot. Wenn der Himmel klarer ist, gibt es verhältnismäßig und kältere Nächte. Im „solaren Spektralbereich ist die Wirkung der Eiswolken Reflexion von Sonnenstrahlung in den Weltraum abkühlend. Im langwelligen reich wirken Eiswolken hingegen erwärmend, da wegen der niedrigen turen an der Tropopause die Abstrahlung der Erde in den Weltraum reduziert wird" Met, 1999). Die gemessene Abweichung der Temperaturwerte war die größte innerhalb letzten 30 Jahre. Damit wird deutlich, dass Aerosole eine enorme Wirkung auf das ltweite Klima haben können (BBC, 2005).

Durch Flugzeuge werden abhängig von Jahreszeit und geographischer Breite unterschiedlich stark wirkende Effekte hervorgerufen. Auf der Nordhemisphäre sind die ausgelösten Störungen im Bereich zwischen 40° und 70° N signifikant - dort wo die meisten Flugbewegungen stattfinden. Zum einen wird Wasserdampf in hohe Luftschichten gebracht, wo er sonst nicht oder in geringeren Mengen natürlich vorkommt, zum anderen werden Partikel in die Atmosphäre abgegeben, welche die Bildung von (Eis-)Wolken begünstigen. Die eigentlichen Kondensstreifen lösen sich zwar nach ca. 30 min auf, jedoch kann man davon ausgehen, dass der am Himmel verbleibende Schleier dünner Cirrus-Wolken ohne die zuvor eingebrachten Partikel gar nicht da wäre (Marquart, 2003; MPI-Met, 1999).

> „In der Reiseflughöhe von 10 - 13 km ist die Umgebungstemperatur mit -40°C bis -70° C [sic] sehr niedrig. Die Temperatur nimmt gewöhnlich vom Erdboden bis in diese Höhe ab, um darüber wieder anzusteigen. Dieses Temperaturminimum kennzeichnet den Übergang zwischen Troposphäre und der darüber liegenden Stratosphäre, die sogenannte Tropopause.
> Der maximal mögliche Feuchtegehalt der Atmosphäre (jenseits dessen Kondensation und Wolkenbildung auftreten) wird mit abnehmender Temperatur sehr klein. 100% [sic] relative Feuchte in der Nähe der Tropopause entsprechen nur etwa 1/1000 der Wasserdampfdichte am Boden. Die meisten anderen Gase nehmen dagegen mit der Höhe sehr viel langsamer ab. […] Die Verbrennung von 1 kg Kerosin in der Flugzeugturbine erzeugt 1,25 kg Wasserdampf und 3 kg CO_2, sowie Stickoxide und Russ [sic]. Während die zusätzliche Menge an Wasserdampf in Bodennähe gegenüber der natürlichen Menge unerheblich ist, führt sie nahe der Tropopause häufig unmittelbar hinter dem Flugzeug zu Kondensation. Diese Bildung von Kondensstreifen wird um so [sic] wahrscheinlicher, je geringer die Temperatur der Umgebungsluft ist. […] Neben der Wirkung der Kondensstreifen selbst wird vermutet, dass die zusätzlichen Kondensationskeime nach der Auflösung der Kondensstreifen durch Verdunstung noch weiteren Einfluss auf den Treibhauseffekt haben. So könnte die Zahl der Eiskeime in Tropopausenhöhe allgemein so stark steigen, dass auch die spätere Bildung weiterer Cirren erleichtert würde. Da man diese dann aber nicht mehr unmittelbar der Flugzeugemission zuordnen kann, entziehen sie sich der Untersuchung. Die vermehrte Beobachtung natürlicher Cirren in den letzten Jahrzehnten deutet allerdings auf einen solchen Einfluss hin" (MPI-Met, 1999).

Abbildung 1 gibt ein Beispiel für linienhafte Cirren über Deutschland, die parallel zu den üblichen Flugrouten verlaufen. Aufgrund der Bildauflösung sind jedoch nur ältere, ausgefächerte Kondensstreifen erkennbar. Eine Vielzahl „frischer" Kondensstreifen oder solcher, die sich kurz nach ihrer Bildung wieder auflösen, sind in den meisten Satelliten-Aufnahmen nicht sichtbar, wenngleich sie trotzdem einen Klimaeinfluss haben. Werden die vorhandenen Kondensstreifen älter, dann verteilen sie sich im Höhenwind oder mischen sich mit natürlichen Wolken, so dass sie nicht mehr linienhaft und eindeutig zuzuordnen sind.

Abb. 1: Kondenssteifen über Deutschland - Überflug des Satelliten NOAA-12 am 04.05.1995 (MPI-Met, 1999)

In stärkerem Ausmaß zur Verdunkelung können jedoch Vulkane beitragen. Es gelten dabei grundsätzlich die gleichen Effekte, welche schon aufgeführt wurden. Der Ausstoß von Schwefeldioxid und Asche in größeren Mengen und besonders in hohe Luftschichten kann eine langanhaltende Temperaturbeeinflussung hervorrufen. Vergangene Eruptionen von Vulkanen wie dem Tambora (1815), Krakatau (1883) oder dem Pinatubo (1991) zeigten deutlich, dass es im Anschluss globale Abkühlungen gab. Vor allem wenn die Schwebeteilchen bis in die Stratosphäre emittiert werden, sind klimatische Auswirkungen besonders stark. Aerosole in der Troposphäre werden hingegen vergleichsweise schnell vom

Niederschlag ausgewaschen und können sich dort nicht so lange halten wie Partikel in der Stratosphäre (Buggisch et al., 2010).

Die nachfolgende Abbildung 2 stammt aus dem Weserkurier vom 16.04.2010 und zeigt die klimatischen Auswirkungen, welche von einem Vulkanausbruch ausgehen können.

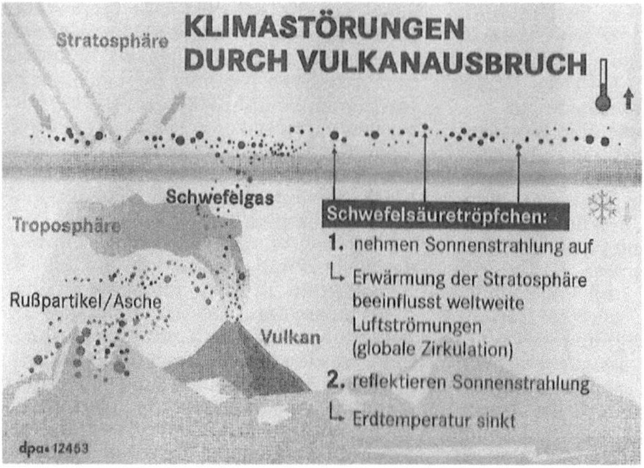

Abb. 2: Auswirkungen eines Vulkanausbruchs auf das Klima (Wendler, 2010)

Ein weiterer, indirekter Effekt könnte durch Vulkanausbrüche hervorgerufen werden: Bei der Auswaschung der emittierten Partikel und vulkanischen Gase kommt es zu einem sauren Niederschlag, der das Wachstum von bestimmten schwefelliebenden Bakterien in Feuchtgebieten begünstigt. In Mooren werden dadurch methanproduzierende Bakterien verdrängt. Methan ist ein starkes Treibhausgas, welches zu großem Anteil in Mooren und Reisfeldern produziert wird. Eine solche Veränderung der abiotischen Faktoren könnte also regional den CH_4-Ausstoß verringern und somit die Erderwärmung verlangsamen (Weitlaner, 2005).

2.2 Variation der Sonnenaktivität

Verdunkelungseffekte (ausgelöst z.B. durch Vulkanausbrüche), können wie bereits dargestellt zu Temperaturabnahmen in der Troposphäre führen. Was ist aber mit der Sonne selbst? Sie ist die Quelle der Strahlung und unterliegt im „solaren Output" gewissen Schwankungen, die sich auf der Erde als Temperaturvariationen zeigen könnten.

Das Klimasystem der Erde erhält seinen größten Energieeintrag durch die annähernd konstante Bestrahlung durch die Sonne.

Abgesehen von einer sehr selten stattfindenden Sonnenfinsternis ist zu jedem Zeitpunkt stets die Hälfte des Globus einer enormen Strahlenmenge ausgesetzt, welche sich zu 50 % aus langwelliger Strahlung (u.a. Infrarotstrahlung), zu 41 % aus sichtbarem Licht und zu 9 % aus kurzwelliger Strahlung (Röntgen-, Gamma-, UV-Strahlung) zusammensetzt (Farndon, 2003).

Nur ein Teil der Sonnenstrahlung, welche im Weltraum eine mittlere Stärke von 1.368 W/m² (sog. Solarkonstante) hat, kommt an der Erdoberfläche an. Dieser Anteil hängt sowohl von der geographischen Lage, der Streuung, Absorption und Reflexion an Luftmolekülen, Wolken und Aerosolen, als auch von der Absorption an Wasserdampf, CO_2, Ozon und Spurengasen ab. Er wird als Globalstrahlung bezeichnet (Anhuf et al., 2003).

In Abbildung 3 ist der natürliche Treibhauseffekt dargestellt, durch welchen ein Teil der Sonnenenergie als Wärme auf der Erde gehalten und nicht wie beispielsweise auf dem Mond komplett in den Weltraum zurück gestrahlt wird (Farndon, 2003).

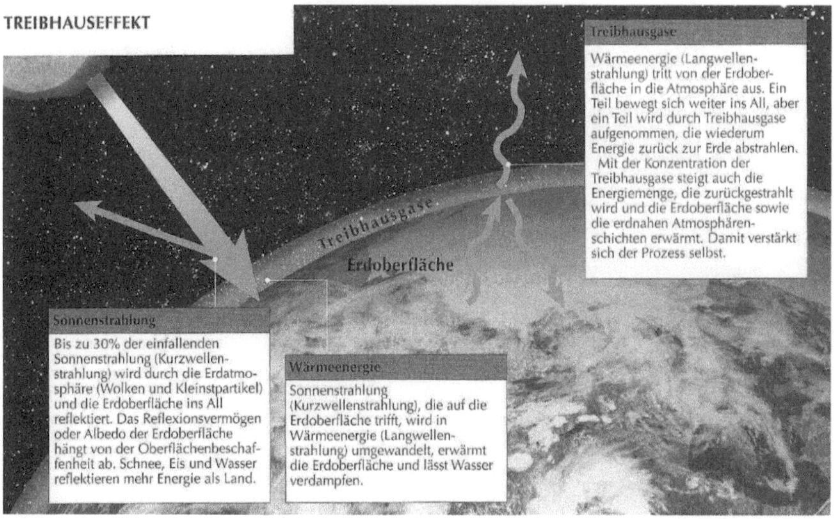

Abb. 3: Darstellung des Treibhauseffekts (Dow & Downing, 2007)

Die Erde umläuft die Sonne auf einer elliptischen Bahn. Dabei befindet sie sich im Januar am sonnennächsten Punkt, dem Perihel. 7 % mehr Sonnenlicht erreicht dann die Erde als im Juli, wenn der sonnenfernste Punkt, das Aphel, erreicht ist. Dadurch wird klar, dass jede Änderung der Erdbahnparameter einen Einfluss auf die Verteilung und Stärke der Globalstrahlung hat (Humberson, 2002).

Langfristige klimatische Veränderungen, welche zu Kalt- und Warmzeiten führen, können also durch Variationen der Erdrotation, Präzession, Exzentrizität und Schiefe der Ekliptik hervorgerufen werden (Endlicher, 2007; Glaser, 2007).

Neben diesen Faktoren ist jedoch auch die Sonne selbst Ursache für Schwankungen in der Energiebilanz. Der Strahlungsoutput ist nicht konstant. Für Mitteleuropa wird einer aktuellen Studie zufolge in den nächsten Jahren häufiger mit strengen Wintern gerechnet. Dies wird auf die zurzeit vergleichsweise geringe Sonnenaktivität (in Abbildung 5b zu sehen) zurückgeführt (Benestad, 2010; Lockwood et al., 2010).

Nicht unbedingt die verminderte Erwärmung des Erdbodens durch die geringere Globalstrahlung, sondern die Auswirkung auf die Stratosphäre erzeugt solche Witterungsveränderungen: Eine geringere Menge Strahlungsenergie in diesen hohen Luftschichten verändert den Temperaturgradienten, wodurch das globale Windsystem derart beeinflusst wird, dass eher kalte Winde aus dem Nordosten unser Wetter bestimmen und mildere Strömungen aus dem Atlantik ausbleiben (Benestad, 2010; Brunnert, 2010).

Über die Gestirne wurden schon sehr früh Beobachtungen angestellt. Damit fielen auch immer wieder Phasen verstärkter Sonnenaktivität durch erkennbare Sonnenflecken, sowie ruhigere Phasen der Sonne auf. Aufzeichnungen über das Wetter (insbesondere die Temperatur) können mit Aufzeichnungen über die Beobachtung von Sonnenflecken seit dem 17. Jahrhundert (erstmals von Galileo festgehalten) verglichen werden (Benestad, 2010; Humberson, 2002).

Wenn mehr Sonnenflecken zu sehen sind, ist die Strahlung der Sonne stärker. Zunächst mag dies irritierend sein, denn die Flecken stellen deutlich dunklere Gebiete der Sonnenoberfläche dar. Im direkten Umfeld dieser Flecken befinden sich aber die sog. Faculae (von lat. facula = Fackel) - hellere Flächen, von denen auch deutlich mehr Energie emittiert wird (vgl. Abbildung 4). Auch wenn die Aufhellung weniger auffällig ist, überwiegt sie doch gegenüber der geringeren Abstrahlung aus den Sonnenflecken (Humberson, 2002).

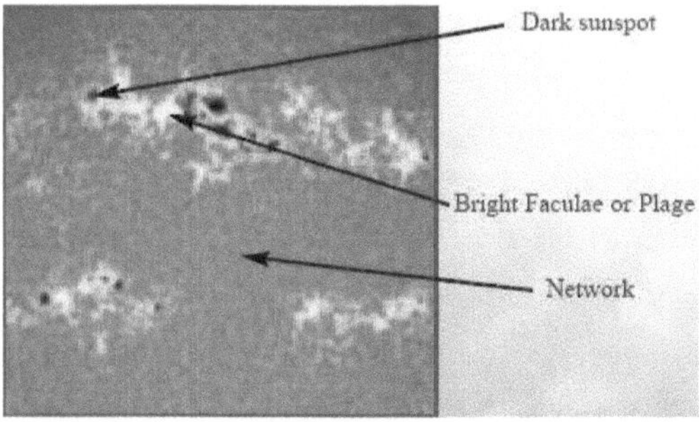

Abb. 4: Sonnenflecken und Faculae auf der Photosphäre der Sonne (Humberson, 2002)

Die Messung der Strahlungsstärke der Sonne war lange Zeit sehr schwierig. Wie in Kapitel 2.1 und zu Beginn dieses Kapitels gezeigt, ist die auf der Erde messbare Globalstrahlung atmosphärenbedingt sehr variabel. Seit die ersten Satelliten ab 1978 Messungen der Sonnenstrahlung im Weltraum vornahmen, wurden die tatsächlichen Schwankungen der Sonnenaktivität aufgezeichnet. Die Beobachtungen der Sonnenfleckenanzahl und die Messungen der Globalstrahlung seit Beginn des 20. Jahrhunderts stimmen gut mit den Daten der Satellitenmessungen überein. Demnach lassen sich verschiedene Zyklen der Sonne feststellen (Humberson, 2002).

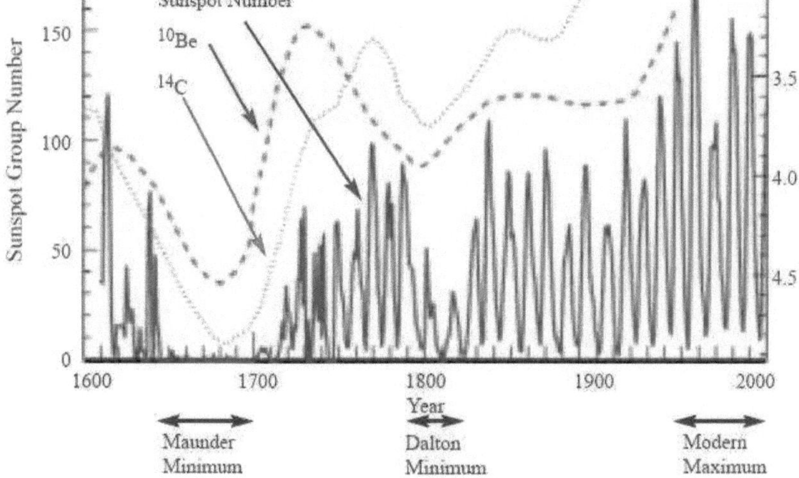

Abb. 5a: 11-jährige Sonnenfleckenzyklen unterschiedlicher Amplitude, mitunter ausgesetzt (Humberson, 2002)

Der Schwabezyklus ist am genauesten untersucht und belegt. Mit einer Periodendauer von ca. 11 Jahren wechselt sich das Maximum der Sonnenaktivität mit dem Minimum ab. In Abbildung 5a ist zu erkennen, dass die Astronomen im 17. Jahrhundert für einen Zeitraum von 50 Jahren beinahe keine Sonnenflecken beobachten konnten. Das sog. Maunder Minimum war erreicht (eine der möglichen Ursachen für die „Kleine Eiszeit"). Nach diesem Zeitraum zeigt der Trend jedoch wieder einen Anstieg der Sonnenaktivität (Humberson, 2002).
In Abbildung 5b ist der letzte, sowie der Beginn des aktuellen Zyklus zu erkennen.

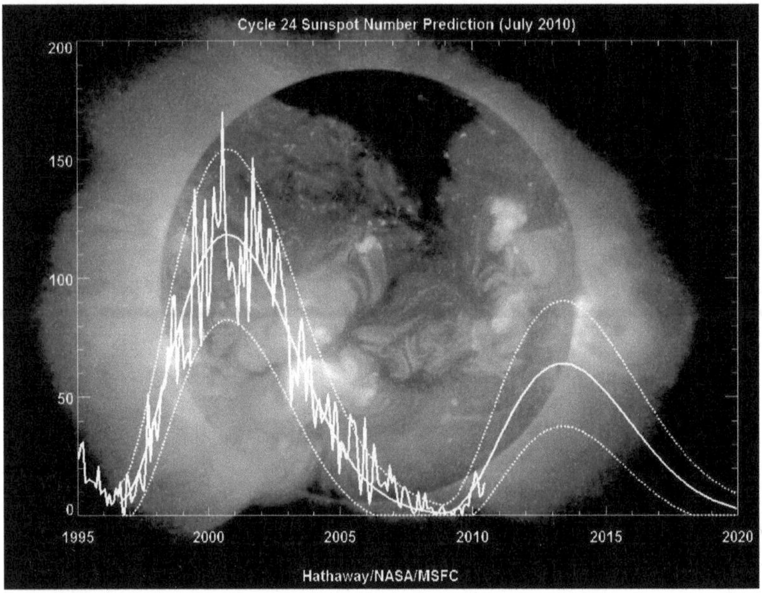

Abb. 5b: Aktueller Sonnenfleckenzyklus (NASA, 2010)

2.3 Schwankungen der thermohalinen Zirkulation

Allgemein wird im Zusammenhang mit der globalen Erwärmung auch von einem Anstieg des Meeresspiegels ausgegangen. Jährlich betrug der Anstieg im 20. Jahrhundert 1,7 mm. Es handelt sich jedoch bei den u.a. vom IPCC aufgestellten Prognosen um globale Mittelwerte. Aufgrund von Unterschieden im Erdschwerefeld oder bei vorherrschenden Druck- und

Strömungssystemen können die Wasserstände regional von den globalen Durchschnittswerten abweichen (Gehrels & Long, 2008).

Bei den Temperaturprognosen sieht es ähnlich aus. Der Trend mag global zwar ansteigen, in Europa könnte aber genau dieser globale Temperaturanstieg zu einer Abkühlung führen.

Auch wenn das Wissen über das Verhalten des grönländischen Eisschildes begrenzt ist, so kann dennoch angenommen werden, dass stärkeres Abschmelzen der Eismassen eine Verlangsamung oder gar einen Stopp der atlantischen thermohalinen Zirkulation nach sich zieht.

> „Kalte[s], salzhaltige[s] und damit auch besonders dichte[s] Wasser sinkt im Nordatlantik an der Südspitze von Grönland auf den Ozeanboden ab und fließt von dort Richtung Äquator. Als Ausgleichsströmung wird dabei warmes Wasser aus dem karibischen Raum über den Golfstrom nach Norden transportiert, was letztlich eine wichtige Energie-[quelle] [...] für das europäische Klima darstellt" (Glaser, 2007).

Bei einem ausreichenden Eintrag von Wärme oder Süßwasser (z.B. Schmelzwasser aus Grönland) kann die Tiefenwasserzirkulation zum Erliegen kommen (Lenton et al., 2008).

Eine Verlangsamung der Strömung kann bereits eine Abkühlung in Europa bewirken. Vermutlich begünstigte neben vermehrten Vulkanausbrüchen und einer verringerten Sonnenaktivität auch eine Verlangsamung des Golfstromes während der „Kleinen Eiszeit" die Abkühlung im Nordatlantikraum, auch wenn die Verlangsamung des Golfstromes in diesem Zeitraum eher eine Folge und nicht direkte Ursache der Abkühlung war (Schwartz & Randall, 2003).

Die Wärme des Golfstromes wird nicht direkt an Großbritannien und das europäische Festland abgegeben. Durch die über dem Meer erwärmten Luftmassen, die sich im Gebiet der Westwindzone auf Europa zu bewegen erfolgt der Wärmeeintrag ins Landesinnere hinein.

Die atmosphärische Zirkulation kann durch den Verlust der arktischen Eismassen im Sommer (vgl. Abbildung 6) stark beeinflusst werden. Bereits jetzt sind in der Arktis Abweichungen von „mehr als 3 °C" (Overland & Wang, 2010) in den Oberflächentemperaturen ein alarmierendes Zeichen und „seit den 1970er Jahren ist die Ausdehnung des arktischen Meereises um 14 % zurückgegangen" (Dow & Downing, 2007).

Es ist ungewiss, welche Auswirkungen die veränderten Meerwassertemperaturen (zusätzlich variiert durch eine mögliche Verlangsamung des Golfstromes) auf Klima und Witterung in Europa haben. Ändern sich jedoch die Druckverhältnisse und verschiebt sich infolgedessen die Polarfront, so hat dies sicher auch klimatische Änderungen für Europa zur Folge (Overland & Wang, 2010).

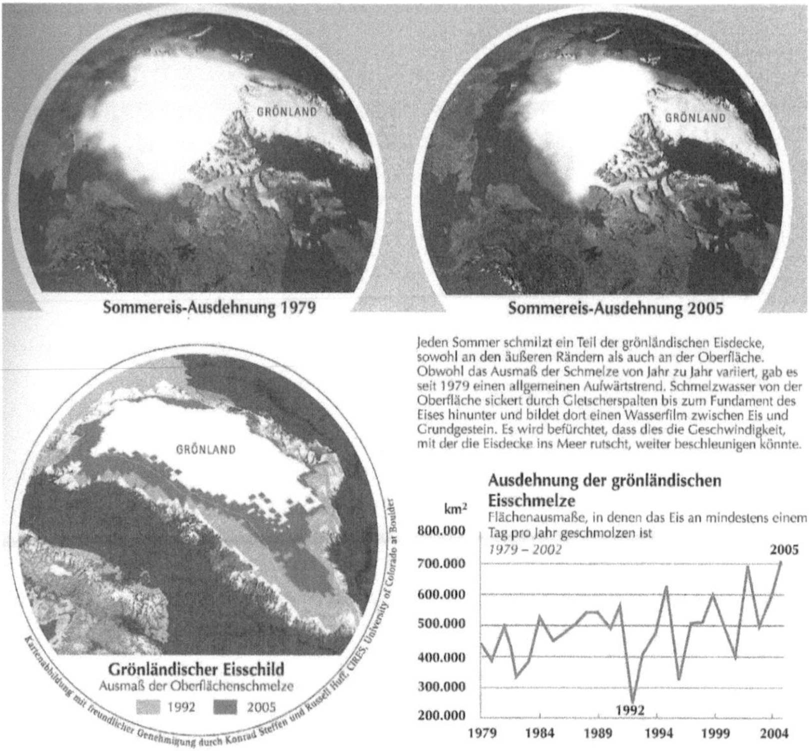

Abb. 6: Eisschild über Grönland und der Arktis (Dow & Downing, 2007)

3 Ausbruch des Eyjafjallajökull auf Island 2010 und seine Auswirkungen

Vor seinem Ausbruch am 21. März 2010 war der Eyjafjallajökull-Vulkan zuletzt 1823 aktiv. Zunächst kam es lediglich zu Ausströmen von Lava und Aufstieg von Wasserdampfwolken aufgrund des Schmelzens und der Verdunstung des umliegenden Gletschereises. Nachdem sich die vulkanische Aktivität vorläufig beruhigte, kam es am 14. April zu starken Erdbeben und eine hohe Eruptionssäule gefährdete erstmals den Flugverkehr. In den folgenden Tagen bis zum 20. April stieß der Vulkan größere Mengen Asche in die Troposphäre aus - die Aschewolke erreichte Höhen bis 8 km und hatte nacheinander Einschränkungen des

Flugverkehrs in Großbritannien, Skandinavien und schließlich auch Deutschland zur Folge (DWD, 2010b; DWD, 2010c; Vulkane.net, 2010).

Im Mai kam es ein weiteres Mal zum Aufstieg größerer Aschewolken und Behinderungen des Flugverkehrs (Asmus et al., 2010; Vulkane.net, 2010).

3.1 Temperaturveränderungen in Norddeutschland - Analyse (Material und Methoden)

Wie in Kapitel 2 gezeigt (und in Abbildung 7 zusammengefasst), tragen mehrere Faktoren, die sich zum Teil gegenseitig beeinflussen, zur langfristigen Einstellung eines bestimmten Klimas bei.

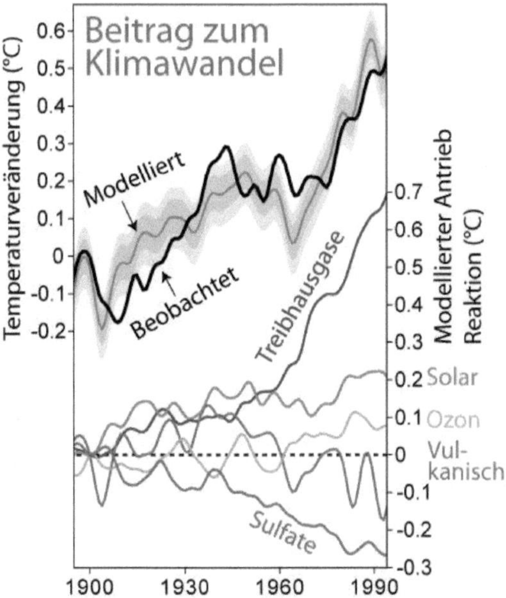

Abb. 7: Einflussgrößen auf den Klimawandel (Stadt.Land.Flut, 2010)

Kurzfristige Variationen können durch die genannten Faktoren die Witterung und das Wettergeschehen entgegen der durchschnittlich vorherrschenden Bedingungen verändern.

Während und nach den Eruptionsphasen des Eyjafjallajökull wurde relativ schnell klar, dass gravierende Klimaveränderungen ausbleiben würden, da sich die Asche nicht großflächig in der Stratosphäre verteilte. Interessant sind daher eher kleinere und indirekte Auswirkungen wie beispielsweise das plötzliche Fehlen einer Vielzahl an Flugbewegungen in Europas Himmel (Bissolli, 2010).

Um der Fragestellung nachzugehen, ob von den Luftverkehrseinschränkungen über Europa eine ähnliche Auswirkung wie beim in Kapitel 2.1 beschriebenen Effekt in den USA nachweisbar wäre, galt es zunächst, einen passenden Zeitraum auszuwählen, in dem zwar der Luftverkehr eingeschränkt war, die Aschewolke jedoch gerade nicht über dem Untersuchungsgebiet lag.

Mithilfe der genauen Aufzeichnungen des Deutschen Wetterdienstes (DWD) und anderer europäischer Wetterdienste ließ sich ein Zeitfenster (17.04.-18.04.2010) ermitteln, in welchem der kommerzielle Flugverkehr eingeschränkt war, die Aschewolke jedoch nicht über Norddeutschland lag. Abbildung 8 zeigt die Verteilung von Schwefeldioxid (Grundlage: Messungen und Chemietransportmodell) am 17.04.2010:

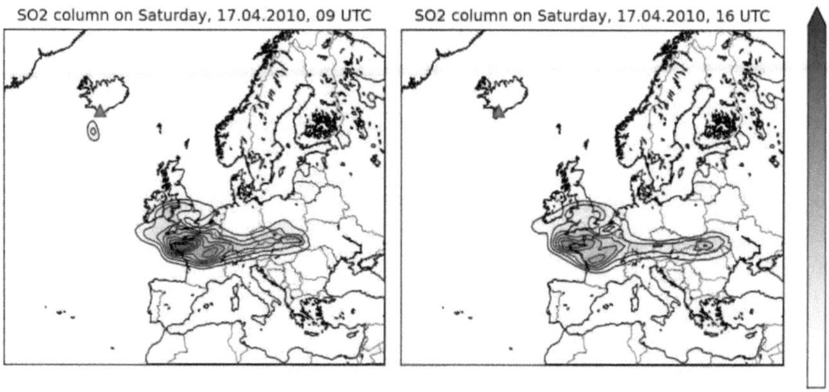

Abb. 8: SO_2-Verteilung über Europa am 17.04.2010 um 11 und um 18 Uhr (MESZ), Bilder der GIF-Animation entnommen (DLR, 2010b)

Ähnlich lässt sich dies auch auf den Meteosataufnahmen nachvollziehen.

> „Schwefeldioxid und Aschepartikel unterscheiden sich in ihren Strahlungseigenschaften. Der europäische Wettersatellit Meteosat-9, dessen Daten vom DLR empfangen und verarbeitet werden, liefert alle 15 Minuten Strahldichten in zwölf Wellenlängenbereichen. Durch geeignete Kombinationen der Kanäle bei 10.8 µm und 12 µm (Asche, gelb markiert) bzw. 8.7 µm und 12 µm (SO2, blau markiert) lässt sich die Zugbahn visualisieren“ (DLR, 2010a).

Aus dem vorliegenden Video wurde eine Zeitreihe an Bildern entnommen, welche die räumliche und zeitliche Verteilung darstellt:

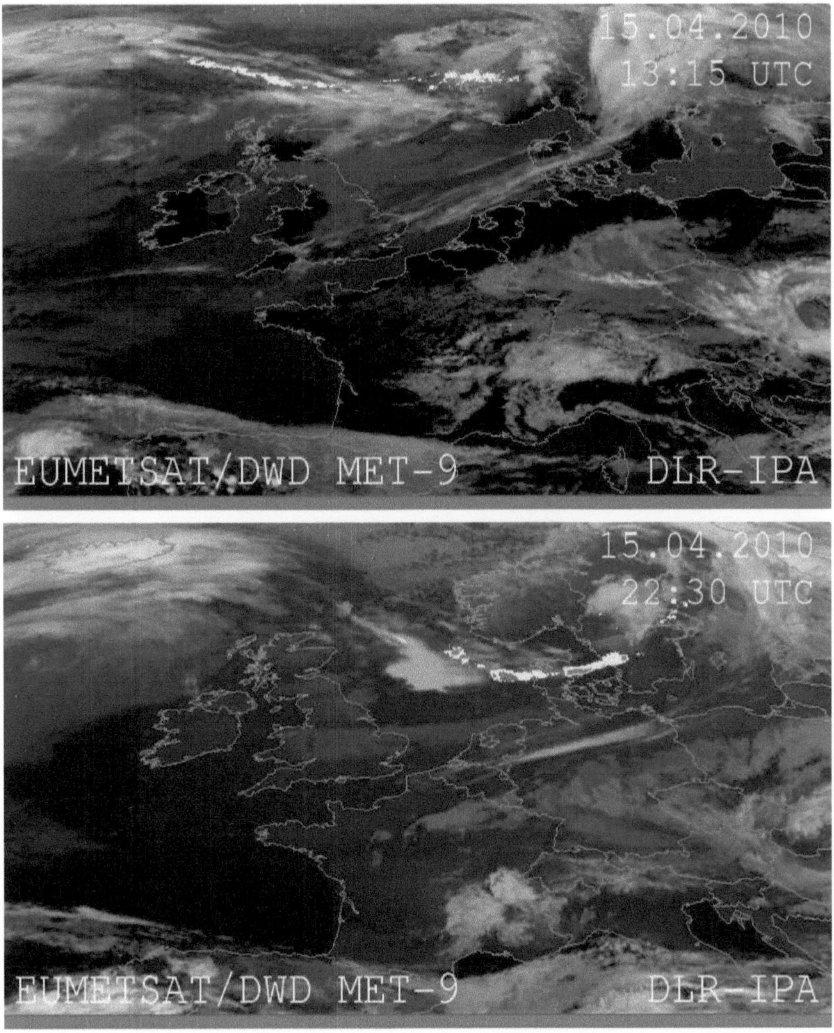

Abb. 9a: Meteosat-9 Aufnahmen - Visualisierungen der Zugbahn von SO_2- und Staubwolke (DLR, 2010c)

Im Zeitraum vom 15.04. bis 21.04.2010 gab es die bereits erwähnten Einschränkungen im Luftverkehr.

In den Abbildungen 9a und 9b lässt sich gut erkennen, dass die Aschewolke nach dem 16.04.2010 zunächst nicht mehr über Norddeutschland lag.

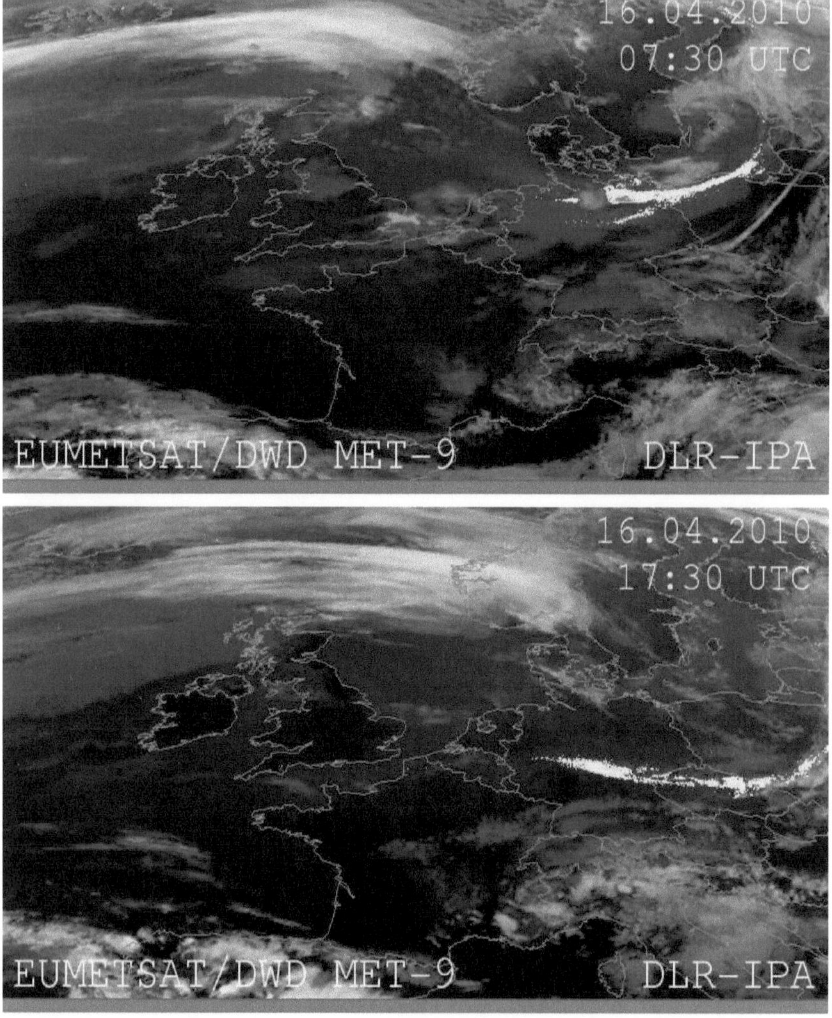

Abb. 9b: Meteosat-9 Aufnahmen – Visualisierungen der Zugbahn von SO_2- und Staubwolke (DLR, 2010c)

Die geographische Auswahl der Messstationen erfolgte anhand verschiedener Kriterien: Zum einen mussten diese im Untersuchungsgebiet und zugleich nicht direkt an der Küste liegen. Stationen wie beispielsweise Sylt weisen im Vergleich zu allen anderen Wetterstationen erheblich unterschiedliche Werte aufgrund des maritimen Einflusses auf, so dass sie bei Miteinbeziehung lediglich die Ergebnisse verzerrt hätten. Weiteres Kriterium ist das Vorhandensein einer ausreichend langen Historie in den vorliegenden Datenerhebungen. So fällt die Wetterstation am Flugplatz in Emden aus der Betrachtung heraus, da die Aufzeichnungen erst ab 1998 vorlagen.

Im Gegensatz zu den sonst üblichen Vergleichszeiträumen bei klimatologischen Fragestellungen (1961-1990) wurden die vorhandenen (Tages-)Werte aller in Frage kommender Stationen gemittelt. Der Vergleichszeitraum der einbezogenen Stationen umfasst die Jahre 1991 bis 2009 und ist somit aus zweierlei Hinsicht geeignet: Erstens liegen nicht von allen Stationen auch Werte seit 1961 vor. Zweitens hat sich das Klima gerade in den letzten Jahren stark verändert. Die zehn wärmsten Jahre der Wetteraufzeichnung traten auf der Nordhalbkugel in den Jahren 1998 bis 2008 auf (Brandt, 2007; Ruokolainen & Räisänen, 2009; Schönwiese, 2009).

Auch der Flugverkehr hat in den letzten 20 Jahren eine erheblich höhere Dichte und größere Höhen erreicht als dies in den Jahren 1961 bis 1990 der Fall war (Heinen, 2003).

Eine besondere klimatische Abweichung sollte daher in Referenz zu den aktuellen Bedingungen gesucht werden.

Um herauszufinden, ob das Fehlen der sonst üblichen Anzahl an Kondensstreifen eine klimatische Auswirkung haben kann, wurde die Temperaturdifferenz zwischen den Tagesmaxima- und Tagesminima-Werten der Temperatur untersucht.

Die im Internet zugänglichen Klimadaten (DWD, 2010a) der Messstationen (Berlin, Bremen, Greifswald, Hamburg, Hannover, Magdeburg, Neuruppin, Potsdam, Rostock und Schwerin) wurden zunächst für die weitere Bearbeitung in das Tabellenkalkulationsprogramm MS-Excel transferiert. Zwischenschritte und Ergebnisse sind der im digitalen Anhang befindlichen Excel-Datei zu entnehmen. Für jede Messstation wurde eine neue Spalte („Tdiff") erstellt, welche die Spannbreite der Temperaturschwankung eines jeden Tages darstellt (Differenz zwischen „TX" und „TN"). Die Ausgangswerte TX und TN sind das Maximum und Minimum der Temperatur in 2 m über dem Erdboden in °C. Die so erhaltenen Werte eines jeden Tages wurden zunächst innerhalb eines Jahres (unter den Wetterstationen) und danach über die Jahre hinweg gemittelt. Ergänzend zu diesen Mittelwerten wurde die Standardabweichung berechnet. Die Schalttage (jeweils am 29.02. 2008, 2004, 2000, 1996 und 1992) wurden bewusst heraus genommen, um die statistische Untersuchung nicht zu komplex zu gestalten.

Damit lag nun im Tabellenblatt „Ergebnisse“ ein Modell- bzw. Erwartungswert für jeden Tag eines Jahres vor.

Der betrachtete Untersuchungszeitraum reicht vom 01.01.2010 bis 30.06.2010. Die tatsächlich aufgetretenen Tageswerte (Tdiff) in jenem Zeitraum konnten nun mit den Modellwerten normiert und somit vergleichbar gemacht werden. Im Tabellenblatt „Vergleich“ ist dieser Vorgang nachzuvollziehen.

Trägt man die Abweichung der Werte über den Zeitraum in einem Diagramm auf, so erhält man die in Kapitel 3.2 dargestellten Ergebnisse.

Die Nullhypothese lautet: Es liegt kein signifikanter Unterschied zwischen den Werten des Untersuchungszeitraumes und denen der Referenzperiode vor. Abweichungen sind lediglich zufälliger Natur.

Die Alternativhypothese lautet: Die Abweichung der Werte im Untersuchungszeitraum ist signifikant.

Im folgenden Kapitel sind die Ergebnisse der Untersuchung dargestellt.

3.2 Ergebnisse

Betrachtet man die Temperaturdifferenz (Tmax - Tmin) der Messstationen eines jeden Tages, so erhält man Werte, die sich grafisch wie folgt darstellen lassen:

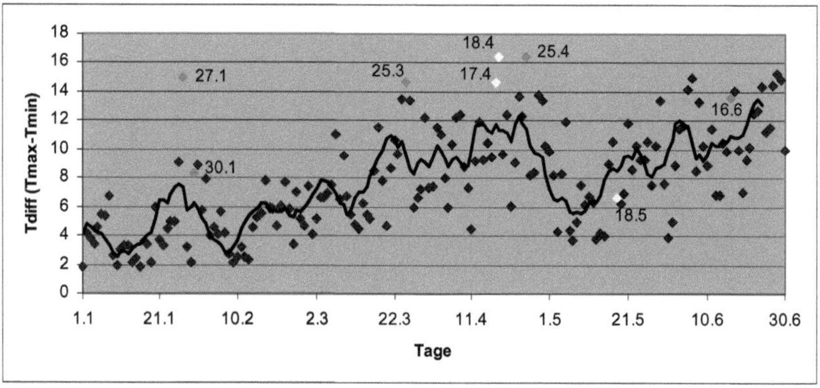

Abb. 10: Darstellung der Werte (Tdiff) im Untersuchungszeitraum über die Stationen gemittelt mit gleitender Durchschnittslinie (7 Perioden), (Datengrundlage: DWD, 2010a; eigene Berechnung), eigene Darstellung

Dabei fallen mehrere Punkte auf, welche deutlich vom Rest abweichen: Der 27.01. liegt erheblich über den umliegenden Datenpunkten und der 18.04. weist zusammen mit dem 25.04. die absolut gesehen höchsten Werte im Untersuchungszeitraum auf. Rot bzw. gelb markierte Punkte sind hervorgehoben, da die jeweiligen Tage in Kapitel 3.3 noch einmal aus meteorologischer Sicht aufgegriffen werden. Die gelben Punkte stellen Werte dar, welche direkt oder indirekt von der vulkanischen Aktivität des Eyjafjallajökull beeinflusst worden sein könnten und auf welche noch näher eingegangen wird.

Es ist außerdem zu erkennen, dass die Werte im Jahresverlauf tendenziell ansteigen und auch die Streuung bzw. die „Sprünge" zwischen einem Tageswert und dem nächsten scheinen zur Jahresmitte hin zuzunehmen.

Um sich das grundsätzliche Verhalten oder einen möglichen Trend der Werte zu erklären, kann das erstellte Modell herangezogen werden.

Im Jahresgang verhält sich die Temperaturschwankungsbreite wie in folgender Abbildung dargestellt:

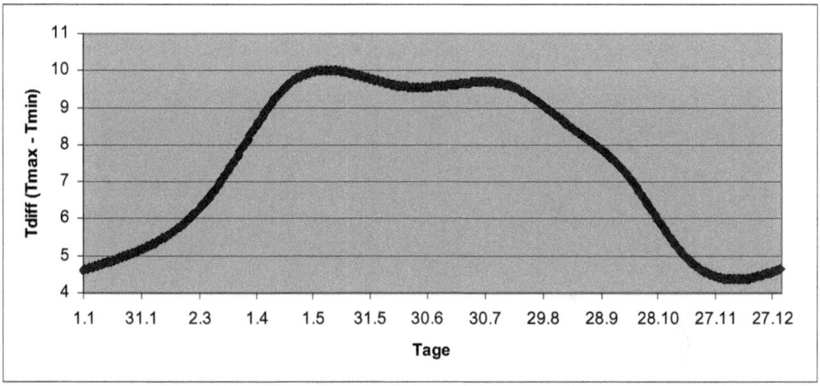

Abb. 11: Modellverlauf der Tdiff-Kurve - aus Monatswerten (1991-2009) spline-interpolierte Tageswerte (Datengrundlage: DWD, 2010a; eigene Berechnung), eigene Darstellung

Bei Abbildung 11 und 12 handelt es sich jedoch um eine sog. Spline-Interpolation aus den gemittelten Monatswerten jeder Station im Modellzeitraum (1991-2009). Die Kurve ist anschaulicher als das tatsächliche Diagramm aller Tageswerte (vgl. hierzu Abbildung 13).

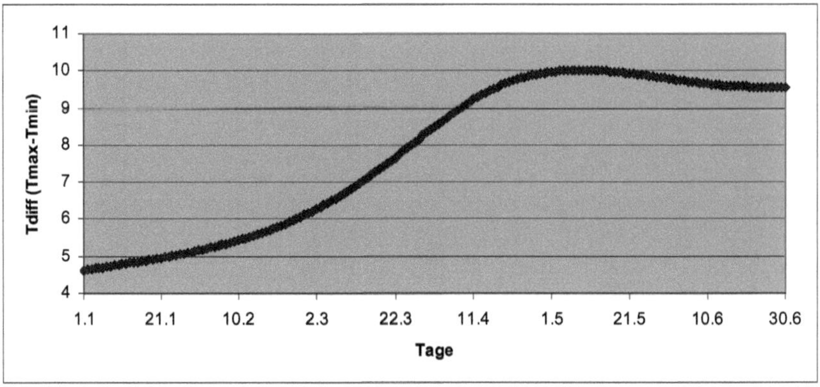

Abb. 12: Modellverlauf der Tdiff-Kurve für das 1. Halbjahr - aus Monatswerten (1991-2009) spline-interpolierte Tageswerte (Datengrundlage: DWD, 2010a; eigene Berechnung), eigene Darstellung

Durch Glättung der Werte (beispielsweise indem diese durch den gleitenden Durchschnitt ihrer jeweils umgebenden 10 Nachbarwerte ersetzt werden), erhielte man eine ähnliche Darstellung wie in Abbildung 11 zu sehen. Bei der Berechnung der Ergebnisse (siehe Abbildung 15) wurden jedoch die tatsächlichen Tageswerte des Modells, sowie deren Standardabweichung herangezogen. Für die gedankliche Betrachtung und den Vergleich wird der Einfachheit halber Abbildung 11 bzw. 12 genutzt.

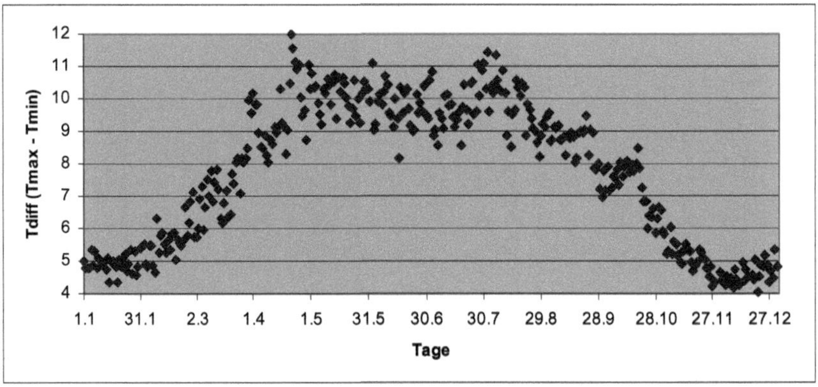

Abb. 13: Verlauf der Tdiff-Werte - aus den Tageswerten (1991-2009), (Datengrundlage: DWD, 2010a; eigene Berechnung), eigene Darstellung

Man sieht in beiden Fällen deutlich einen Jahresgang der Temperaturspannweite, welche zur Jahresmitte hin größer wird. Im Winter ist die Differenz zwischen der größten Erwärmung am

Tage und der tiefsten Abkühlung bei Nacht nicht so groß wie im Sommer. Auch die Schwankungsbreite ist im Sommer generell ein Stück höher, was sich in Abbildung 13 aber auch in der Darstellung der zeitlichen Abfolge der Standardabweichung eines jeden Tages erkennen lässt:

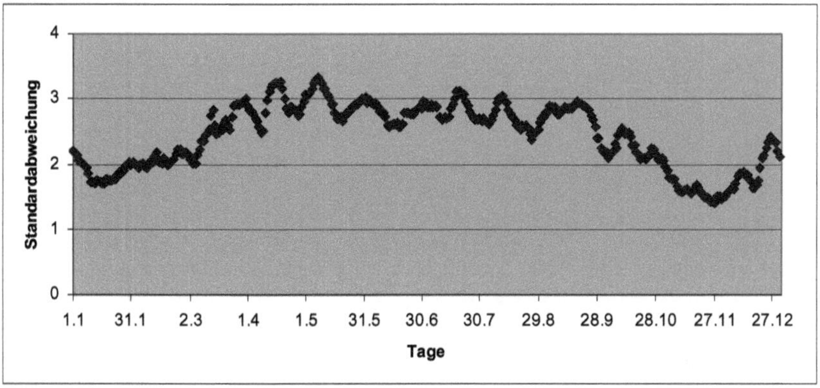

Abb. 14: Verlauf der Standardabweichung - aus den Tageswerten (1991-2009), hier: Darstellung der gleitenden Durchschnittswerte (9 Perioden), (Datengrundlage: DWD, 2010a; eigene Berechnung), eigene Darstellung

Die Standardabweichung ist im Sommer höher als im Winter.

Aus Abbildung 10 alleine lässt sich nicht erkennen, ob die Abweichung einzelner Tage signifikant ist oder nicht. Hierzu muss das Modell als Referenz herangezogen werden. Schon bei optischem Vergleich lässt sich feststellen, dass einige Werte zu Jahresbeginn 2010 deutlich niedriger sind (unterhalb von 4 K) als dies aufgrund des Modells zu erwarten wäre (vgl. Abbildung 10 und 12). Bei einzelnen Extremwerten lässt sich dagegen schlecht abschätzen, ob diese im Rahmen der natürlichen Schwankungsbreite liegen oder nicht.

Vergleicht man nun auch rechnerisch die Werte der ersten Jahreshälfte 2010 mit denen des Referenzzeitraumes, so lassen sich die Ergebnisse wie in Abbildung 15 gezeigt darstellen. Man erhält die „normierten" Tageswerte. Von den tatsächlichen Tageswerten 2010 wurden die zu erwartenden Werte jedes zugeordneten Tages (aus der Modellberechnung 1991-2009) abgezogen. Diese Differenz wurde anschließend durch die Standardabweichung der Modell-Tageswerte geteilt.

Durch diesen Vorgang erhält man ein Ergebnis, welches sowohl den Unterschied zum Erwartungswert ausdrückt, als auch berücksichtigt, dass die Standardabweichung im Jahresgang unterschiedlich ist.

Wenn ein Wert 2010 also genau dem Erwartungswert entspricht, so ist das Ergebnis „0“. Der Tageswert ist identisch mit dem „Idealfall“ bzw. Durchschnittswert (gemittelter Tdiff des jeweiligen Tages) im Modellzeitraum und liegt auf der Nulllinie (X-Achse). Ist der Wert kleiner, so gibt es eine negative Abweichung von der Nulllinie. Wenn die Tagesdifferenz an einem Tag größer als gewöhnlich ist, so wird die Abweichung positiv und der Wert nach oben abgetragen.

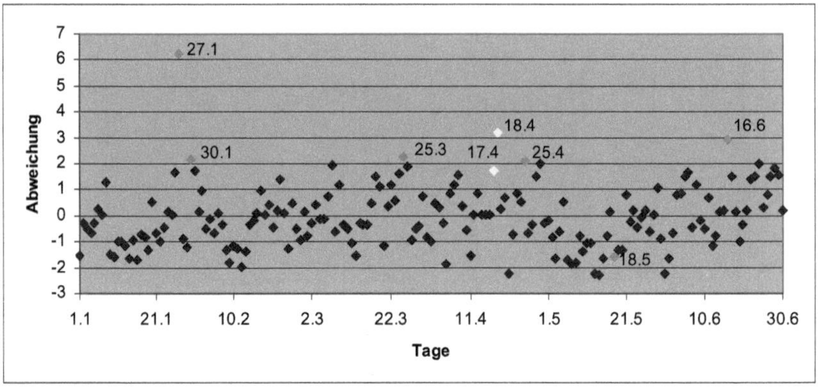

Abb. 15: Abweichung der Tageswerte 2010 vom Modell (dividiert durch die Standardabweichung desselben), (Datengrundlage: DWD, 2010a; eigene Berechnung), eigene Darstellung

Es lassen sich somit Tage herausfinden, an denen die Temperaturdifferenz tatsächlich vom Erwartungswert abwich. Sehr deutlich weicht der 27.01.2010 ab: Er liegt um 6,25 Standardabweichungen höher als der Erwartungswert. Er wird in der Folge als Ausreißer betrachtet und deshalb auch aus der Ergebnis-Betrachtung entfernt. In Kapitel 3.3 wird noch einmal aus meteorologischer Sicht der Zeitraum um den 27.01.2010 beschrieben, was auch einen Erklärungsansatz liefert. Für die Betrachtung der Situation im Zeitraum der vulkanischen Aktivität, welche den Kern dieser Arbeit darstellt, spielt der Januar-Ausreißer jedoch keine Rolle. Ohne den 27.01. wird auch die Darstellung der Ergebnisse etwas klarer (siehe Abbildung 16).

Die in Kapitel 3.3 zu diskutierenden Werte sind rot bzw. gelb markiert. Auffallend hoch ist der Betrag am 18.04.2010, der 3,21 Standardabweichungen größer als der Erwartungswert ist. Er ist auch um 3,05 Standardabweichungen größer als der Mittelwert (-0,11) der Tdiff-Werte im Untersuchungszeitraum. Er erfüllt damit noch nicht die üblichen Kriterien zur Einstufung des Wertes als Ausreißer (um 4 Standardabweichungen größer oder kleiner als der Mittelwert der Stichprobe ohne Ausreißerwert (Bahrenberg et al., 1990)).

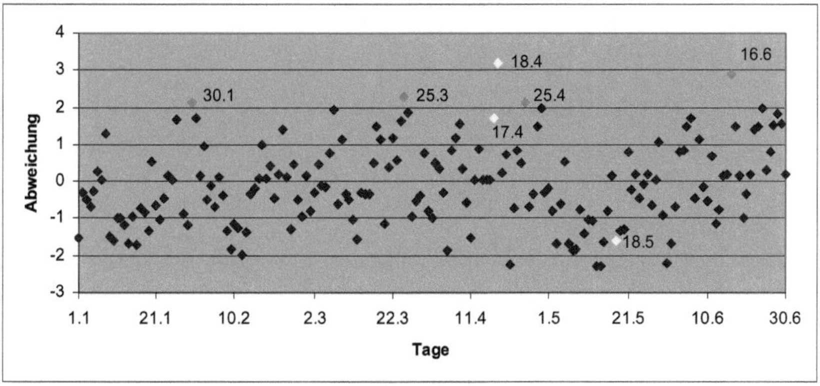

Abb. 16: Abweichung der Tageswerte 2010 vom Modellzeitraum, ohne Ausreißer-Wert (27.01.2010), (Datengrundlage: DWD, 2010a; eigene Berechnung), eigene Darstellung

Um jedoch eine statistische Aussage tätigen zu können, wird ein einseitiger (da die Richtung der Abweichung bekannt ist) t-Test durchgeführt.

Die **Nullhypothese** lautet: Zwischen dem Standardwert (Modellwert für den 18.04.) und dem Mittelwert (der 10 Wetterstationen) Tdiff am 18.04.2010 besteht kein signifikanter Unterschied. Die Abweichung liegt damit im Zufallsbereich.

Die **Alternativhypothese** lautet: Der gemittelte Tageswert Tdiff am 18.04.2010 ist signifikant größer als der Standardwert.

Der Tageswert Tdiff soll zum α = 0,1 % („hochsignifikant") Signifikanz-Niveau getestet werden.

Die Zahl der Freiheitsgrade beträgt FG = (n-1 =) 9, weil die Prüfgröße die Standardabweichung der Stichprobe enthält. Aus der Tabelle ist für die t-Verteilung zu entnehmen: $t_{0,1\%;\,9}$ = 4,30 (Bahrenberg et al., 1990)

Wenn die Abweichung der Prüfgröße den Wert 4,30 übersteigt, so liegt keine zufallsbedingte, sondern eine hochsignifikante Abweichung zum Konfidenzniveau 99,9 % vor.

Die Berechnung lautet:

$$t = \frac{|\mu - a|}{\sigma / \sqrt{n}}$$

(Bahrenberg et al., 1990)

Hierbei ist μ der über die 10 Stationen gebildete Mittelwert Tdiff des Tages 18.04.2010 (16,40), a der Vergleichswert (8,30), der aus dem Modell stammt (Mittelwert aller Tdiff-Werte für den 18.04. über den Zeitraum von 1991 bis 2009). σ ist die Standardabweichung (2,08) der 10 Tdiff-Werte am 18.04.2010 und n die Anzahl der Stationen (10).
Daraus ergibt sich folgendes Ergebnis: $t = 12{,}30$ ($> 4{,}30$).
Der errechnete Wert liegt damit außerhalb der vorgegebenen Prüfgröße. Die außergewöhnlich hohe Temperaturdifferenz am 18.04.2010 ist gegenüber dem Standardwert aus dem Modell keine zufällige, sondern eine hochsignifikante Abweichung.
Die Irrtumswahrscheinlichkeit liegt bei 0,1 %.
Damit wird die Nullhypothese abgelehnt und die Alternativhypothese angenommen.

Um zu vergleichen, wie die Kalkulation an anderen Tagen aussieht, wurden mehrere Proberechnungen erstellt. Für den willkürlich ausgewählten 09.04.2010 ergibt sich z.B. $t = 1{,}16$. Dieser Wert liegt unterhalb von $\alpha = 10$ % ($t_{10\%;\,9} = 1{,}38$) (Bahrenberg et al., 1990).

Ferner lässt sich die Wahrscheinlichkeit berechnen, mit der eine Abweichung wie die am 18.04.2010 auftritt:
Es wird von einer idealen Normalverteilung ausgegangen (vgl. Abbildung 16). Hierbei ist die Standardabweichung 1 und der Mittelwert 0.
Für den Wert am 18.04.2010 ergibt sich also:
$z = (3{,}2 - 0) / 1 = 3{,}2$ (die Rechnung erübrigt sich, da die Werte schon standardisiert wurden)
Über die Verteilungsfunktion (Bahrenberg et al., 1990; Uni Magdeburg, 2004) erhält man für diesen Wert ein Ergebnis von 0,9986 ($D(z) = \Phi(z) - \Phi(-z)$; $\Phi(-z) = 1 - \Phi(z)$ (Bahrenberg et al., 1990)). Das bedeutet, nur 0,0014 % der Werte dürften in der Normalverteilung gleich groß oder größer sein.
Die Wahrscheinlichkeit, dass einer von 181 Tageswerten so weit außerhalb lieg, beträgt folglich ($1 - 0{,}9986^{181} =$) 22,4 %
Für Tageswerte wie die beobachteten bedeutet dies, dass jährlich ca. einmal mit einem solchen Wert zu rechnen ist. Das Vorkommen eines solchen Wertes ist generell nicht besonders unwahrscheinlich.

Am Rande soll nun noch auf den zweiten Ausbruch des Eyjafjallajökull eingegangen werden. Vom 17.05. bis 23.05.2010 gab es erneut Eruptionen mit Ausstoß von Asche. Hierbei gab es diesmal keine oder nur geringe Einschränkungen des Luftverkehrs, aber durchaus eine Staubwolke über Deutschland (Asmus et al., 2010; Vulkane.net, 2010):

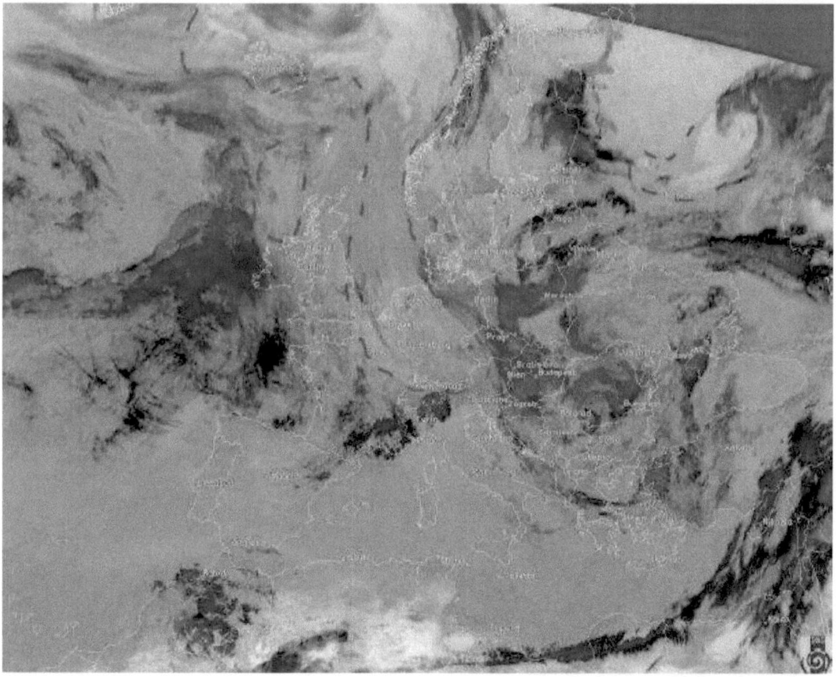

Abb. 17: Aschewolke über Europa - Aufnahme vom 18.05.2010. „Auch außerhalb des markierten Gebietes kann Vulkanasche vorhanden sein. Diese ist entweder unter den Wolken [...] oder auf Grund der Verteilung in der Atmosphäre aus 36.000 km Höhe nur schwer erkennbar" (Asmus et al., 2010)

Interessanterweise fällt dies mit einem Zeitabschnitt im Untersuchungszeitraum zusammen, in welchem die Temperaturdifferenzen besonders klein waren (vgl. Abbildung 16).

3.3 Schlussfolgerungen / Diskussion

Die dargelegten Ergebnisse sind meteorologisch interessant, vergleicht man sie mit weiteren vorliegenden Wetterdaten (Luftdruck, Bedeckungsgrad, Sonnenscheindauer) und -karten:

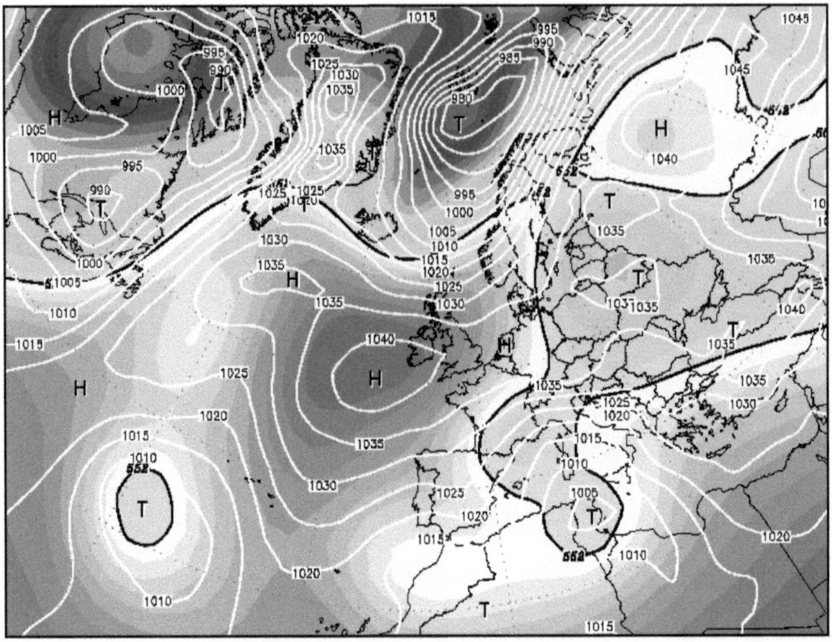

Abb. 18: Bodenluftdruck (hPa) am 27.01.2010, 00 UTC (Wetterzentrale, 2010)

Einige der besonders herausragenden Werte lassen sich somit erklären. Am 27. Januar z.B. gab es einen starken Kälteeinbruch:

> „In klaren Nächten sanken die Temperaturen in Deutschland auf unter -20°C [sic]. [...] Zu einem Wetterumschwung kam es am 27.01. durch Tief "Jennifer". Dieses hatte sich nach seiner Entstehung rasch südostwärts verlagert und stark vertieft. Innerhalb von nur 24 Stunden zog "Jennifer" über das europäische Nordmeer und Skandinavien hinweg und befand sich am 28.01., 00 UTC mit dem Zentrum über der Ostsee. Der Druck sank im Zentrum des Tiefs auf unter 985 hPa. Zum Vergleich: nur [sic] 24 Stunden vorher betrug der Bodenluftdruck am selben Ort 1035 hPa. Die Ausläufer des Tiefs erreichten in Form einer Warmfront am Vormittag des 27.01. den Norden Deutschlands und sorgten dort für erste Schneefälle, teilweise auch für gefrierenden Regen. An seiner Südflanke transportierte Tief "Jennifer" mildere feuchte Luft heran, so dass die Nächte im Vergleich zu den Vortagen wesentlich milder blieben. [...] Während sich Tiefdruckgebiet "Jennifer" nicht mehr weiter verstärkte und sich vergleichsweise langsam ostwärts bewegte, entwickelte sich am 29.01. in einer kräftigen nördlichen Strömung über den britischen Inseln das Randtief "Keziban". Dieses verlagerte sich zunächst südwärts und befand sich mit seinem Zentrum am 29.01. über Nordfrankreich. In den folgenden 24 Stunden änderte es seine Zugbahn und überquerte nun in östlicher Zugrichtung die Benelux-

länder, Deutschland und befand sich am 30.01. mit seinem Zentrum über der Ostsee“ (Wettergefahren-Frühwarnung, 2010).

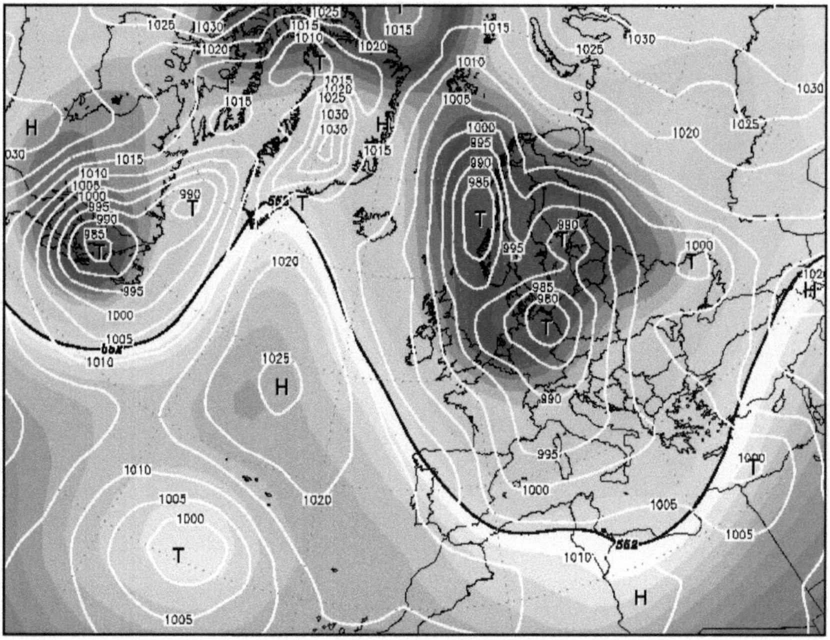

Abb. 19: Bodenluftdruck (hPa) am 30.01.2010, 00 UTC (Wetterzentrale, 2010)

Diese Beschreibung lässt sich auch in den zur Analyse vorliegenden Wetterdaten (DWD, 2010a) und auf den Bodenluftdruck-Karten (Abbildung 18 & 19) nachvollziehen.

In Bremen änderte sich der Luftdruck von 1040,9 hPa am 26.01. auf 1022,0 hPa am 27.01., die Sonnenscheindauer betrug 0 Stunden, wogegen sie am Vortag noch 7,9 Stunden betragen hat. Von der klaren Nacht rührte noch die Tiefsttemperatur von -11,7 °C her und am Tage wurden 3,2 °C erreicht, was zu der relativ hohen Temperaturdifferenz von 14,9 K führte. In den Folgetagen blieb der Luftdruck um 990 hPa sehr niedrig (DWD, 2010a).

An den anderen Wetterstationen verhielt es sich ähnlich. Durch das Heranführen kalter Luftmassen aus dem Norden sank die Tiefsttemperatur am 30.01. stark genug ab und führte so zu dem bekannten, hohen Tdiff-Betrag.

Auch die ungewöhnlichen Schneehöhen belegen das Wetterphänomen. So wurden beispielsweise in Potsdam am 27.01. 18 cm, und am 30.01. 37 cm gemessen (Wettergefahren-Frühwarnung, 2010).

Weiter fiel der 25.03. in der Analyse auf. Zunächst ist ein Blick auf die Bodenluftdruckkarte in Abbildung 20 hilfreich:

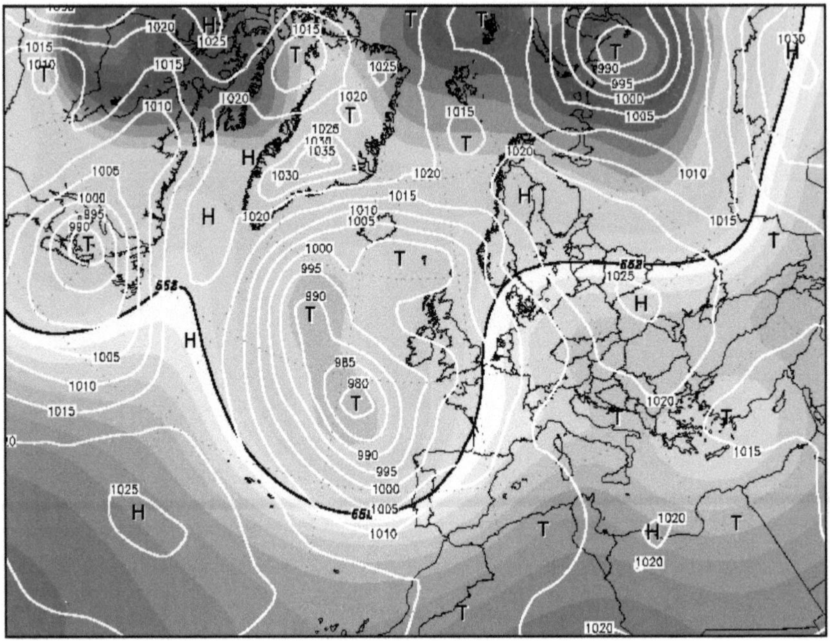

Abb. 20: Bodenluftdruck (hPa) am 25.03.2010, 00 UTC (Wetterzentrale, 2010)

Betrachtet man auch hier wieder einzelne Elemente der Tageswerte, so lässt sich zusammenfassend feststellen, dass es am 25.03. eine im Vergleich zu den umliegenden Tagen hohe Sonnenscheindauer von (über die 10 Stationen gemittelt) 8,8 h gab. Die Tageshöchstwerte überschritten bei einigen Messstationen erstmals im Jahresverlauf 20 °C Höchsttemperatur. Durch die in Abbildung 20 erkennbaren Drucksysteme wurde warme Luft aus dem Südwesten nach Deutschland geführt. Damit einhergehend war auch der Bedeckungsgrad in den meisten Fällen deutlich geringer als an den umliegenden Tagen. Beides erklärt den hohen Tdiff-Wert dieses Tages (DWD, 2010a).

Der 25.04. zeichnet sich durch hohe Temperaturmaxima, oftmals über 20 °C, und Tiefstwerte um 5 °C aus. Es gab nur geringe Bewölkung und folglich eine große Sonnenscheindauer. Auffällig hoch ist der Luftdruck mit im Mittel 1019,5 hPa, der sich von den umgebenden

Tagen deutlich abhebt. Verantwortlich hierfür ist vermutlich das ausgeprägte Hochdruckgebiet über Polen, welches trockene, kontinentale Luft heranführte, die zur Wolkenauflösung führt, wie in Abbildung 21 zu erkennen ist (DWD, 2010a).

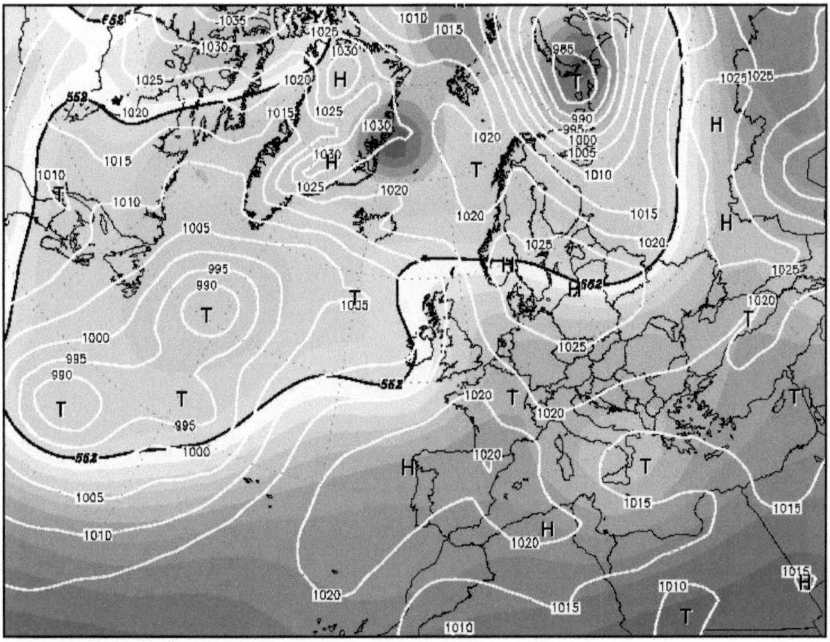

Abb. 21: Bodenluftdruck (hPa) am 25.04.2010, 00 UTC (Wetterzentrale, 2010)

Wenn man den 18.05. auf die einzelnen Klimaelemente hin näher untersucht, so stellt man fest, dass die Sonnenscheindauer gering und der Bedeckungsgrad hoch war. Tagesmaxima und -minima lagen nicht besonders weit auseinander und damit war die Temperaturdifferenz relativ niedrig. In der Karte (Abbildung 22) lässt sich aufgrund der Luftdruckverteilung erkennen, warum zu diesem Zeitpunkt auch die Aschewolke der zweiten Eruption des Eyjafjallajökull nach Deutschland herangeführt wurde (vgl. hierzu Abbildung 17): Die Luft strömte antizyklonal (auf der Nordhalbkugel im Uhrzeigersinn) um das Hochdruckgebiet, welches im Westen Frankreichs lag, und zyklonal um das Tief über der Ukraine (DWD, 2010a).

Ob die Aschewolke, diesmal ohne größere Einschränkungen des Luftverkehrs, einen zusätzlichen Einfluss auf die ohnehin vorhandene Bedeckung jenes Tages hatte, kann nicht beurteilt werden. In den Tagen zuvor war die Temperaturdifferenz ebenfalls sehr gering.

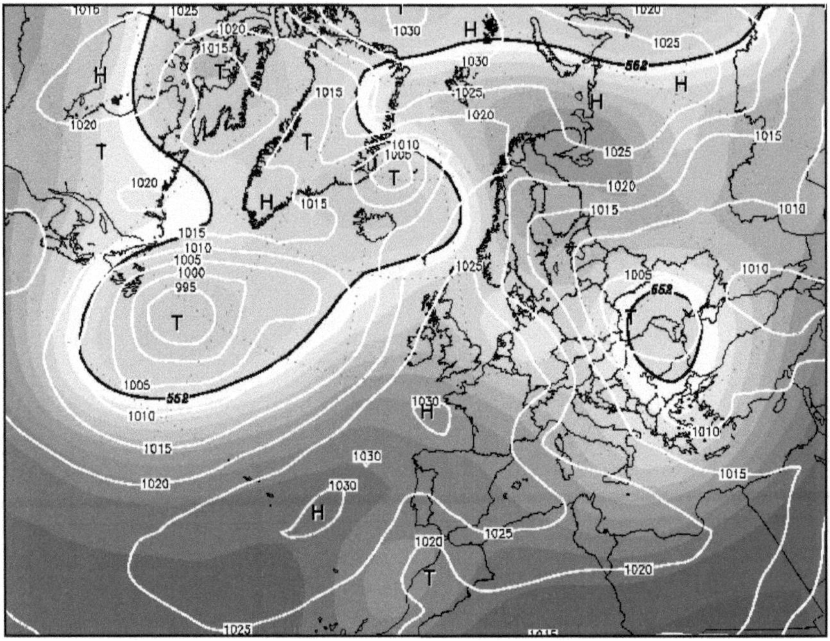

Abb. 22: Bodenluftdruck (hPa) am 18.05.2010, 00 UTC (Wetterzentrale, 2010)

Die Abweichung am 16.06. lässt sich darauf zurückführen, dass (im Durchschnitt der 10 Messstationen) die Tiefsttemperatur mit 7,5 °C deutlich niedriger lag als in den Tagen davor und danach, während der Maximum-Wert nicht bedeutend abwich. Auffallend gering ist der Bedeckungsgrad und vergleichsweise hoch die Summe der Sonnenscheindauer. Wenngleich diese nicht zu abweichend hohen Tageswerten führte, so war der geringe Bedeckungsgrad wahrscheinlich für die starke Abkühlung der Nacht verantwortlich. Weiter zeichnet sich der Tag durch einen allgemein sehr hohen Luftdruck bei allen Wetterstationen aus, was auch die Nähe des Hochdruckgebietes in Abbildung 23 zeigt (DWD, 2010a).

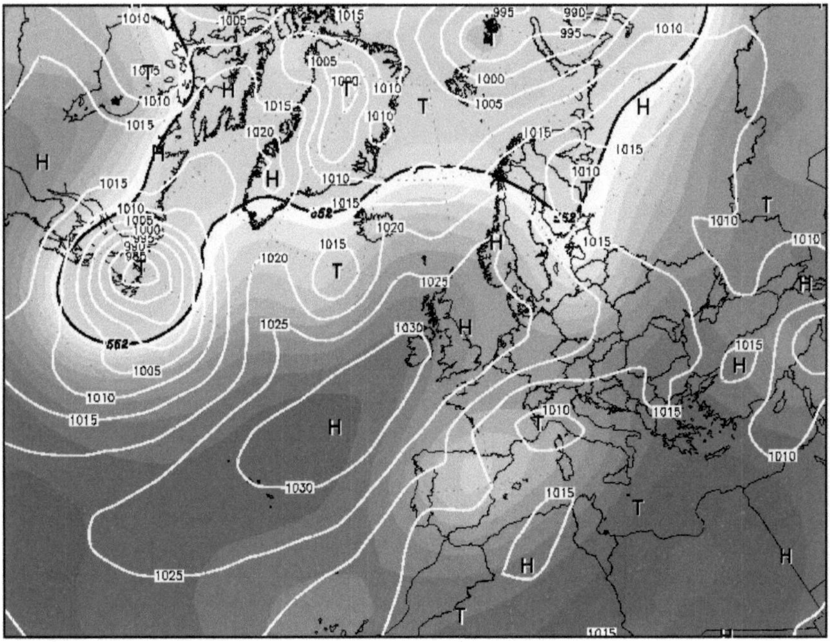

Abb. 23: Bodenluftdruck (hPa) am 16.06.2010, 00 UTC (Wetterzentrale, 2010)

Die in Abbildung 16 markierten, starken positiven Abweichungen (und als Ausnahme der herausgegriffene „Negativ-Wert“ am 18.05.) lassen sich somit meteorologisch gut erklären.

Der Tdiff-Betrag am 18.04. sollte daher auf ähnliche Weise zu erklären sein.
Nachdem bereits am 16.04. die Aschewolke herangeführt worden war und diese am 17.04. weitgehend nur noch über Süddeutschland lag (vgl. Abbildung 8), gab es nach einer vermutlich sehr klaren Nacht (zumindest aufgrund des Bedeckungsgrades, siehe nächster Absatz) am 18.04. bis zu 13,3 h Sonnenschein - im Mittel (der 10 Stationen) 13,1 h. Dieser Wert ist im Jahresverlauf gesehen zuvor bei weitem nicht erreicht worden.
Analog verhält es sich beim Bedeckungsgrad. Der Mittelwert der Stationen beträgt hier 0,6 Achtel. Nach den vorliegenden Daten scheint der Himmel an jenem Tag folglich außergewöhnlich klar gewesen zu sein. Auch hierbei gibt es an keinem Tag vor dem 18.04. und nur bei sehr wenigen Tagen danach ähnlich niedrige Werte. Eine exakte statistische Auswertung würde an dieser Stelle zu weit führen, aber aufgrund der Werte selbst ist schon

erkennbar, dass diese ungewöhnlich sind und damit die Ursache für den hohen Tdiff-Betrag darstellen.

Der Luftdruck weicht nicht besonders stark im Vergleich zum Vortag ab. Er ist etwas geringer als an den umgebenden Tagen, was eventuell auf die Bildung lokaler Hitzetiefs zurückzuführen sein könnte. Meteorologisch lässt sich auch anhand der Bodenluftdruck-Karte (Abbildung 24) nichts Auffälliges feststellen.

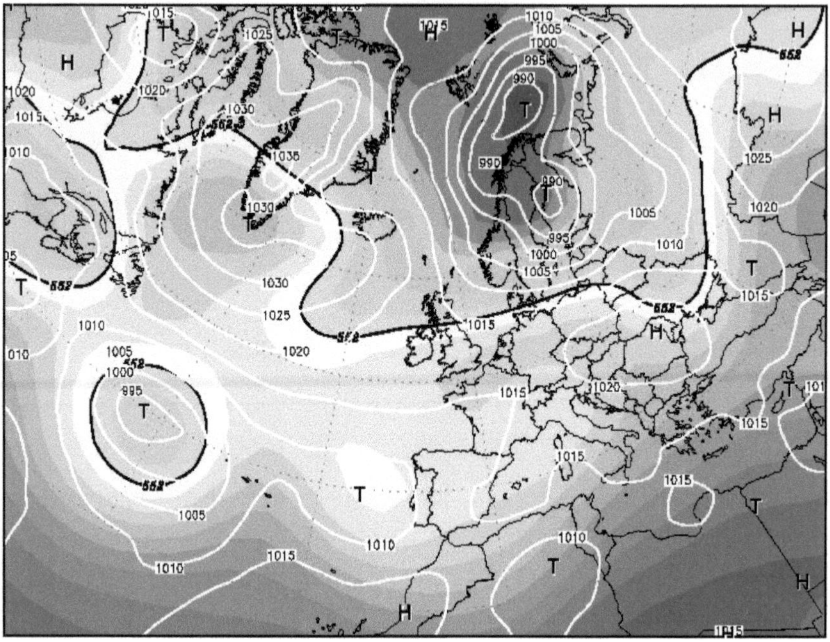

Abb. 24: Bodenluftdruck (hPa) am 18.04.2010, 00 UTC (Wetterzentrale, 2010)

Aufgrund des Fehlens einer meteorologischen Erklärung für die Abweichung am 18.04.2010 lässt sich somit schließen, dass es zusätzlich zum wahrscheinlich ohnehin klaren Himmel eine Beeinflussung der Höchst- und Tiefstwerte durch die Abwesenheit der sonst üblichen Kondensstreifen gegeben hat.

Der Vortag (17.04.2010) weist in einem Teil der Messstationen ähnlich große Abweichungen auf. Da er im Mittel jedoch einen kleineren Tdiff-Wert erreicht, fällt er auch bei der Analyse eher in den Bereich der Normalverteilung und ist kleiner als 2 Standardabweichungen (vgl. Abbildung 16).

An den direkten Tagen nach dem 18.04.2010 steigen die Werte für den Bedeckungsgrad an und die Sonnenscheindauer sinkt. Folge ist ein geringerer Tdiff-Betrag. Auch wenn die Luftraumsperrung weiterhin aktiv war, so konnten sich fehlende Kondensstreifen hier nicht mehr deutlich genug bemerkbar machen.

Abschließend sei noch auf das Qualitätsniveau der Daten hingewiesen: Alle Tageswerte von 1991 bis einschließlich 2008 lagen im Qualitätsniveau „10" vor. Ab 2009 waren die Daten mit Qualitätsniveau „3" gekennzeichnet, die aktuellsten Tageswerte der letzten drei Tage im Juni 2010 erhielten die Einstufung „1".

Der Deutsche Wetterdienst gibt folgende Beschreibung für Daten des Qualitätsniveaus „1": „Daten, die keine systematische Prüfung und Korrektur enthalten. Es gibt einzelne beanstandete, korrigierte und bestätigte, aber auch ungeprüfte Werte. Die einzelnen Werte werden nicht durch Qualitätsbytes gekennzeichnet" (DWD, 2010d).

Für die Einstufung „3" gibt es diese Erläuterung: „Daten, die für einzelne (insbesonders automatisch gemessene) Elemente systematisch grob geprüft und ggf. korrigiert sind. Die Daten enthalten aber auch ungeprüfte Werte ohne Qualitätsbytes" (DWD, 2010d).

Und schließlich für ein Qualitätsniveau der Stufe „10": „Daten, die systematisch geprüft und ggf. korrigiert oder bestätigt sind. Die Qualitätsprüfung entspricht der zur jeweiligen Zeit gültigen Verfahren" (DWD, 2010d).

Aufgrund der Aktualität des Forschungsgegenstandes lagen somit noch keine bestmöglich geprüften Daten des Qualitätsniveaus „10" für die Tageswerte im ersten Halbjahr 2010 vor. Es kann daher nur vermutet werden, dass die vorliegenden, untersuchten Daten hinreichend genau und wenig fehlerhaft sind. Ggf. müssten die Ergebnisse der Arbeit verifiziert werden, sobald durchgängig Daten des Qualitätsniveaus „10" vorliegen.

4 Zusammenfassung

Der Eyjafjallajökull-Ausbruch 2010 hatte keine bislang feststellbaren klimatischen Auswirkungen. Er blieb damit hinter vergleichbaren Ereignissen auf der nördlichen Hemisphäre zurück. Der Ausbruch des isländischen Vulkans Lakagígar (1783) war beispielsweise besonders dramatisch: Obwohl er nicht besonders explosiv erfolgte und geschätzt wird, dass 2/3 der Gase in die Troposphäre emittiert wurden, hatte er eine enorme Auswirkung allein durch die Dauer seiner Aktivität (acht Monate). In Island direkt waren die

Folgen am gravierendsten. Ein Großteil der Weideflächen war zerstört und „79 % der Schafe, 76 % der Pferde, sowie 50 % der Rinder starben“ - als direkte Folge kamen etwa „24 % der menschlichen Bevölkerung“ um (Grattan & Brayshay, 1995, eigene Übers.). In ganz Europa wurde in diesem Sommer „Dunst, rußiger Nebel und chemische Verschmutzung“ (Grattan & Brayshay, 1995, eigene Übers.) festgestellt.
Gegen solche Zahlen sind die wirtschaftlichen Verluste durch den lahmgelegten Flugverkehr 2010 verschwindend gering.
Es zeigt sich aber auch, wie leicht sich Klimaelemente beeinflussen lassen. Als Folge der vulkanischen Aktivität im April 2010 ist zwar keine Änderung der Witterung feststellbar, doch in Verbindung mit den Einschränkungen des Luftverkehrs ließ sich aufzeigen, dass neben der Natur auch der Mensch einen feststellbaren Einfluss auf klimatische Größen hat. Ereignisse wie die Sperrung des Luftraums über den USA nach dem 11. September 2001 oder wie in der vorliegenden Arbeit beschrieben sind selten und finden weder geplant noch zwangsläufig an meteorologisch geeigneten Tagen statt. Es ist daher eher ein Glücksfall, wenn sich aus den täglichen Aufzeichnungen der Wetterdienste bestimmte Besonderheiten auswerten lassen.
Es konnte gezeigt werden, dass in einem kleinen Zeitfenster ein ungewöhnlicher Anstieg der Temperaturdifferenz zu verzeichnen war. Dieser Zeitraum (17.-18.04.2010) befand sich innerhalb der Tage, während derer die Einschränkungen des Luftverkehrs Bestand hatten, aber zeitgleich die Aschewolke nicht über dem Untersuchungsgebiet lag und somit meteorologisch keine Auswirkung hatte.
Im Untersuchungszeitraum weist der Anstieg gegenüber dem Modell die größte Abweichung auf, sieht man vom Wetterextrem Ende Januar ab.
Allein aus den sonstigen meteorologischen Kennwerten ist die Abweichung nicht zu erklären, da es kein Tag mit einer besonderen Wetterlage war, welche die völlige Abwesenheit von Wolken erklären würde. Selbst bei Großwetterlagen, die einen klaren Himmel begünstigen, gibt es in größeren Höhen normalerweise einen Cirren-Schleier, der durch die Vielzahl der Verkehrsflugzeugbewegungen hervorgerufen wird.

Bei aller Hysterie um den Klimawandel und die möglichen Folgen sollte vielleicht nicht außer Acht gelassen werden, dass die Auswirkungen von Einzelereignissen möglicherweise deutlich gegen den Trend verlaufen könnten. Das Klimasystem der Erde ist keineswegs starr und auf ewig festgelegt - es unterliegt vielmehr dem ständigen Wandel, bedingt durch laufende Veränderungen seiner Einflussfaktoren. Auch wir Europäer sind verwundbar und vielleicht nicht nur der Bedrohung durch die globale Erwärmung ausgesetzt. Sollten gewisse Schwellen überschritten werden, so könnte Europa durch ein Zusammenspiel der aufgezeigten Einflussfaktoren (Verlangsamung der thermohalinen Zirkulation, Auswirkungen verstärkten Vulkanismus (z.B. auf Island), dauerhaft reduzierte Sonnenaktivität (Aussetzen des nächsten Schwabezyklus)) evtl. auch eine neue Kaltzeit drohen. Lenton et al. (2008) bringen es auf den Punkt: „Society may be lulled into a false sense of security by smooth projections of global change. [...] A variety of tipping elements could reach their critical point within this century [...]. The greatest threats are tipping the Arctic sea-ice and Greenland ice sheet [...].“

Obwohl die Aktivität der Sonne schlecht vorhersagbar ist, räumen Wissenschaftler immerhin eine 8 %ige Wahrscheinlichkeit ein, dass innerhalb der nächsten 50 Jahre Bedingungen wie im Maunder Minimum erreicht werden könnten (Lockwood et al., 2010).

Die Möglichkeit solcher Veränderungen sollte jedenfalls nicht gänzlich ausgeschlossen werden - „the plausibility of severe and rapid climate changes is higher than most of the scientific community and perhaps all of the political community is prepared for. If it occurs, this phenomenon will disrupt current gradual global warming trends […]“ (Schwartz & Randall, 2003).

Literatur

Anhuf, D., G. Czeplak & D. Hoppmann, 2003. Das solare Klima – strahlungsklimatische Gunsträume. In: Leibniz-Institut für Länderkunde (Hrsg.), Nationalatlas Bundesrepublik Deutschland - Klima, Pflanzen- und Tierwelt. Spektrum Akademischer Verlag, Heidelberg Berlin: 40f.

Asmus, J., P. Fritzsche & O. Sievers, 2010. Aschewolken des Vulkans Eyjafjöll in Satellitenbildern 17.05.2010 – 23.05.2010.
http://www.dwd.de/bvbw/generator/DWDWWW/Content/Luftfahrt/Aktuelles/Vulcanic__Ash1/Bericht__Aschewolken__in__Satellitenbildern__17April__bis__23Mai2010,templateId=raw,property=publicationFile.pdf/Bericht_Aschewolken_in_Satellitenbildern_17April_bis_23Mai2010.pdf, 03.08.2010.

Bahrenberg, G., E. Giese & J. Nipper, 1990. Statistische Methoden in der Geographie 1. Teubner, Stuttgart, 233 S.

BBC, 2005. Global Dimming.
http://www.bbc.co.uk/sn/tvradio/programmes/horizon/dimming_trans.shtml, 18.08.2010.

Benestad, R. E., 2010. Low Solar activity is blamed for winter chill over Europe. Environmental Research Letters 5: 2f.

Bissolli, P., 2010. Vulkanausbruch auf Island - Folgen für das Klima?
http://www.dwd.de/bvbw/generator/DWDWWW/Content/Oeffentlichkeit/KU/KU2/KU23/ecsm/SWE/European/20100421__volcanicash,templateId=raw,property=publicationFile.pdf/20100421_volcanicash.pdf, 03.08.2010.

Boston.com, 2010. This aerial image shows the crater spewing ash and plumes of grit at the summit of the volcano in southern Iceland's Eyjafjallajokull glacier Saturday April 17, 2010.
http://www.boston.com/bigpicture/2010/04/more_from_eyjafjallajokull.html, 19.08.2010.

Brandt, K., 2007. Treibhaus Deutschland - Der Klimawandel in Deutschland und seine Auswirkungen. Bouvier Verlag, Bonn, 335 S.

Brunnert, M., 2010. Schwankende Sonnenaktivität. Weser Kurier, Nr. 89 vom 15.04.: 28.

Buggisch, W., M. M. Joachimski, O. Lehnert, S. M. Bergström, J. E. Repetski & G. F. Webers, 2010. Did intense volcanism trigger the first Late Ordovician icehouse? Geology 38: 327-330.

DLR (Deutsches Zentrum für Luft- und Raumfahrt), 2010a. Vulkanausbruch Island am 15. April 2010.
http://www.zki.caf.dlr.de/applications/2010/island/189_de.html, 03.08.2010.

DLR (Deutsches Zentrum für Luft- und Raumfahrt), 2010b. Simulation der Ausbreitung der Aschewolke.
http://www.zki.caf.dlr.de/media/download/applications/2010/island/SO2_new.gif, 03.08.2010.

DLR (Deutsches Zentrum für Luft- und Raumfahrt), 2010c. Meteosat-9 Visualisierung der Zugbahn von Staub- und SO2-Wolke.
http://www.zki.caf.dlr.de/media/download/applications/2010/island/loop.mpg, 03.08.2010.

Dow, K. & T. E. Downing, 2007. Weltatlas des Klimawandels - Karten und Fakten zur globalen Erwärmung. Europäische Verlagsanstalt, Hamburg, 112 S.

DWD (Deutscher Wetterdienst), 2010a. Ausgabe der Klimadaten: Tageswerte.
http://www.dwd.de/bvbw/appmanager/bvbw/dwdwwwDesktop?_nfpb=true&_pageLabel=_dwdwww_klima_umwelt_klimadaten_deutschland&T82002gsbDocumentPath=Navigation%2FOeffentlichkeit%2FKlima__Umwelt%2FKlimadaten%2Fkldaten__kostenfrei%2Fausgabe__tageswerte__node.html%3F__nnn%3Dtrue, 03.08.2010.

DWD (Deutscher Wetterdienst), 2010b. Vulkanasche über Deutschland. http://www.dwd.de/bvbw/appmanager/bvbw/dwdwwwDesktop?_nfpb=true&_pageLabel=dwdwww_result_page&gsbSearchDocId=801752, 03.08.2010.

DWD (Deutscher Wetterdienst), 2010c. Zusammenstellung von Mess- und Beobachtungsergebnissen in Deutschland in Zusammenhang mit dem Vulkanausbruch auf Island. http://www.dwd.de/bvbw/generator/DWDWWW/Content/Oeffentlichkeit/KU/KUPK/Homepage/Vulkan/Vulkanausbruch__Messergebnisse,templateId=raw,property=publicationFile.pdf/Vulkanausbruch_Messergebnisse.pdf, 03.08.2010.

DWD (Deutscher Wetterdienst), 2010d. Qualitätsniveau der Klimadaten bei der Qualitätskontrolle. http://www.dwd.de/bvbw/appmanager/bvbw/dwdwwwDesktop?_nfpb=true&_pageLabel=_dwdwww_klima_umwelt_klimadaten_deutschland&T82002gsbDocumentPath=Navigation%2FOeffentlichkeit%2FKlima__Umwelt%2FKlimadatenzentren%2FNKDZ%2Fkldaten__akt%2Fqualitaetsniveau__node.html%3F__nnn%3Dtrue, 13.08.2010.

Endlicher, W., 2007. Strahlungs- und Wärmehaushalt der Erde. Astronomische und physikalische Grundlagen. In: H. Gebhardt, R. Glaser, U. Radtke & P. Reuber (Hrsg.), Geographie – Physische Geographie und Humangeographie. Spektrum Akademischer Verlag, München: 198ff.

Fagon, B., 2008. Grove, J.M. 1988: The Little Ice Age. London: Routledge, xxii + 498 pp. Progress in Physical Geography 32: 103-106.

Farndon, J., 2003. Kompaktwissen Geografie. Dorling Kindersley Verlag, Starnberg, 192 S.

Fischer-Bruns, I., J. Feichter, S. Kloster & A. Schneidereit, 2010. How present aerosol pollution from North America impacts North Atlantic climate. Tellus - Series A, Dynamic Meteorology and Oceanography 62: 579-589.

Gehrels, R. & A. Long, 2008. Sea level is not level: the case for a new approach to predicting UK sea-level rise. Geography 93: 11-16.

Gerstengarbe, F.-W. & P. C. Werner, 2009. Klimaextreme und ihr Gefährdungspotential für Deutschland. Geographische Rundschau 9: 12-19.

Glaser, R., 2007. Klimasystem. In: H. Gebhardt, R. Glaser, U. Radtke & P. Reuber (Hrsg.), Geographie - Physische Geographie und Humangeographie. Spektrum Akademischer Verlag, München: 193f.

Grattan, J. & M. Brayshay, 1995. An Amazing and Portentous Summer: Environmental and Social Responses in Britain to the 1783 Eruption of an Iceland Volcano. The Geographical Journal 161: 125-134.

Heinen, 2003. Entwicklung des Flugverkehrs. http://www.umweltdaten.de/verkehr/downloads/entwflug.pdf, 10.08.2010.

Humberson, W., 2002. SORCE - Solar Radiation and Climate Experiment. http://lasp.colorado.edu/sorce/docs/reference/SORCE_Brochure_10_25_FINAL.pdf, 18.08.2010.

Lenton, T. M., H. Held, E. Kriegler, J. W. Hall, W. Lucht & S. Rahmstorf, 2008. Tipping elements in the Earth's climate system. http://www.pnas.org/content/105/6/1786.full.pdf+html, 18.08.2010.

Liepert, G. B., 2002. Observed reductions of surface solar radiation at sites in the United States and worldwide from 1961 to 1990. Geophysical Research Letters 29: 61-1 – 61-4.

Lockwood, M., R. G. Harrison, T. Woollings & S. K. Solanki, 2010. Are cold winters in Europe associated with low solar activity? Environmental Research Letters 5: 7-13.

Makartsev, A., 2010. Der Himmel gehört nur noch den Vögeln. Weser Kurier, Nr. 90 vom 16.04.: 3.

Marquart, S., 2003. Klimawirkung von Kondenssteifen: Untersuchungen mit einem globalen atmosphärischen Zirkulationsmodell. Dissertation. Deutsches Zentrum für Luft- und Raumfahrt e.V. Oberpfaffenhofen, 161 S.

Merkur-Online, 2008. Starten die Flugzeuge in München bald von einer dritten Startbahn? Fast 60 000 Menschen wollen das nicht. http://www.merkur-online.de/bilder/2008/11/07/19047/521653786-starten-flugzeuge-muenchen-bald-einer-dritten-startbahn-fast-menschen-wollen-nicht-archivbild-juli-2003.9.jpg, 20.08.2010.

MPI-Met (Max-Planck-Institut für Meteorologie), 1999. Welche Rolle spielen Kondensstreifen für unser Klima? http://www.mpimet.mpg.de/aktuelles/presse/faq/welche-rolle-spielen-kondensstreifen-fuer-unser-klima.html, 01.08.2010.

Müller, M. J., 2000. Naturkatastrophen als geophysikalische Vorgänge. geographie heute 183: 2-9.

NASA, 2010. Solar Cycle Prediction. http://solarscience.msfc.nasa.gov/images/ssn_predict_l.gif, 02.08.2010.

Overland, J. E. & M. Wang, 2010. Large-scale atmospheric circulation changes are associated with the recent loss of Arctic sea ice. Tellus - Series A, Dynamic Meteorology and Oceanography 62: 1-9.

Presseinfo BMVBS (Bundesministerium für Verkehr, Bau und Stadtentwicklung), 2010. Vulkanausbruch auf Island - Aschewolke. http://www.dwd.de/bvbw/appmanager/bvbw/dwdwwwDesktop?_nfpb=true&_pageLabel=dwdwww_result_page&portletMasterPortlet_i1gsbDocumentPath=Content%2FOeffentlichkeit%2FKU%2FKUPK%2FHomepage%2FVulkan%2FVulkanausbruch__Presseinfo__BMVBS.html, 03.08.2010.

Ruokolainen, L. & J. Räisänen, 2009. How soon will climate records of the 20th century be broken according to climate model simulations? Tellus - Series A, Dynamic Meteorology and Oceanography 61: 476-490.

Schönwiese, C.-D., 2009. Klimawandel im Industriezeitalter: Fakten und Interpretation der Vergangenheit. Geographische Rundschau 9: 4-11.

Schwartz, P. & D. Randall, 2003. An Abrupt Climate Change Scenario and Ist Implications for United States National Security.
http://www.edf.org/documents/3566_AbruptClimateChange.pdf, 18.08.2010.

Skeen, C. E., 1981. "The Year without a Summer": A Historical View. Journal of the Early Republic 1: 51-67.

Stadt.Land.Flut (Bremer Energie-Konsens GmbH), 2010. Das 1x1 des Klimawandels.
http://www.stadt-land-flut.de/content/faq, 13.08.2010.

Uni Magdeburg, 2004. Verteilungsfunktion der Standardnormalverteilung.
http://fma2.math.uni-magdeburg.de/~leneke/normtable_deutsch.pdf, 09.08.2010.

Vereinigung Cockpit e.V., 2010. Ohne Messergebnisse keine Flüge!
http://www.vcockpit.de/index.php?id=333&tx_ttnews[tt_news]=13015&tx_ttnews[cObj]=34 9&cHash=3dc1426e1e, 01.08.2010.

Vulkane.net, 2010. Eyjafjallajökull - Fimmvörduháls Eruption.
http://www.vulkane.net/vulkane/eyjafjallajoekull/eyjafjallajoekull.html, 03.08.2010.

Wagner, M., 2010. Flugzeuge im Teleskop - Olympic Airways Airbus A340 SX-DFA.
http://www.himmel-und-erde.com, 20.08.2010

WBGU (Wissenschaftlicher Beirat der Bundesregierung Globale Umweltveränderungen), 2008. Welt im Wandel: Sicherheitsrisiko Klimawandel. Springer, Berlin Heidelberg New York, 268 S.

Weitlaner, W., 2005. Vulkane kühlen Klima mit Bakterien. http://www.innovations-report.de/html/berichte/geowissenschaften/bericht-45277.html, 01.08.2010.

Wendler, J., 2010. Asche ist gefährlich für Triebwerke. Weser Kurier, Nr. 90 vom 16.04.: 3.
Wetterzentrale, 2010. Historische Wetterereignisse.
http://www.wetterzentrale.de/topkarten/tkreaar2.htm, 13.08.2010.

Wettergefahren-Frühwarnung, 2010. Schneefälle, Sturm. Deutschland 27.-30.01.2010.
http://www.wettergefahren-fruehwarnung.de/Ereignis/20100203_e.html, 10.08.2010.

Zerefos, C. S., K. Eleftheratos, C. Meleti, S. Kazadzis, A. Romanou, C. Ichoku, G. Tselioudis & A. Bais, 2009. Solar dimming and brightening over Thessaloniki, Greece, and Beijing, China. Tellus - Series B, Chemical and Physical Meteorology 61: 657-665.